新曜社

シリーズ環境社会学〔二〕

鳥越皓之《企画編集》

環境ボランティア・NPOの社会学

鳥越皓之《編》

道路の溝そうじ
（岐阜県郡上郡八幡町、鳥越皓之撮影）

「シリーズ環境社会学」刊行のことば

シリーズ企画編集　鳥越　皓之

いま私たちは「環境」について考えてみたいと感じはじめている。

この気持ちのなかには大きくはふたつのことが含まれているように思う。ひとつは身近な環境がおかしくなってきて、自分たちは毎日の生活をどのようにとらえたらいいのか、少しばかりわからなくなってきているということである。子どもたちの健康や自分たちの気持ちの上でのゆとりある生活が保証されない方向に社会は歩んでいるのではないか、という疑問がある。

もうひとつは、自分たちの遠いところでおこっていて直接自分たちには関係がないし、また自分自身もそれらに関われないと思えるような事態が、実はとんでもない方向に進んでいるのではないかという不安である。私たちの国では「水俣の公害」が近い過去の例であるし、地球上では、「熱帯林の破壊」や「温暖化」などがすぐに思い出される例であろう。

環境社会学とは、このような課題を社会のカラクリに焦点をあてて分析する学問である。環境問題を生じさせたのは人間であり、それも特定のひとりの人間がおこしたのではなく、人間が寄り集まって社会をつくり、その社会がこのような問題をおこしているのである。したがって、社会の視野からこれらの課題を分析することは理に適っているといえよう。

ただ、環境社会学は環境問題などのマイナス面だけをみるのではなくて、環境計画など自分たちが今後どのような環境をつくっていけばよいのか、将来の人間の理想に向かっても考える学問である。

本シリーズの特色はふたつある。ひとつは現場から考えるということである。抽象的な議論も大切であるが、一度、現場にもどってみて、そこから考えはじめるという「フィールド」主義の立場である。もうひとつは、たんに議論に終わらないで、その解決策をともに考えようとしているところである。ともに考えるということは、本シリーズが、ある施策を読者に押しつけようとするのではなく、施策に結びつく糸口を提示しているということである。その意味で「施策」主義であるともいえよう。

本シリーズではそれぞれの執筆者がとりくんできた事例を大切にしながら、社会学的なとらえ方を平易に述べることに主眼をおいている。そのため、それぞれの事例についての、いっそう詳しい情報や先行研究、社会学的概念や理論については、詳細に記述する紙数がなかった。読者の方々には、次のステップとして、各巻の巻末の「入手しやすい基本文献」や、本シリーズと並行して刊行された『講座　環境社会学』（有斐閣）をぜひ参照していただきたいと思う。

目　次

用語説明

コミュニティとアソシエーション　20／部落会・町内会・自治会　20-21／兵庫県条例　22／ごみ問題　42／ラブ・キャナル事件　59／水俣病　59／足尾鉱毒事件　60／沈黙の春　60／スーパーファンド法　60／地球環境問題と環境NPO・NGO　61／米軍基地返還運動　81／住民投票　81／社会運動・新しい社会運動　82／環境社会学とはどんな学問か　105／共生・生態系　117／レッドデータブック　117／森と海をつなぐ　117／共有地の悲劇　133／長良川河口堰　149／被害者運動　149／日常的な知と科学的な知　163／地球サミット　175／NPOの活動領域　176／NPO支援センター　176

装幀・本文デザイン　山崎一夫

＊本文中の写真は断りのない場合、著者撮影・提供によるものです

第1章　いまなにゆえに環境ボランティア・NPOか

鳥越　皓之

1――他人に手をさしのべる決意

ふたつの話

兵庫県の西播磨の小都市を訪れたときに、遠くの農村から来た五〇歳代のある女性がつぎのような言い方で、自分がボランティアをはじめた動機について語ってくれた。畑を耕していると疲れてきたので、鍬をたてて、その上に頬杖をついてボンヤリと休んでいたのだそうだ。自分の畑にも、その先にずっと拡がる畑にも、黒土の上に夕日が赤錆色に斜めにさし、それはしずかな夕暮れであったという。そのときに自分はこのように長年、一生懸命働いてきて、それなりに生活も安定しているけれども、自分はなんのために生きているのだろうか、と考えたという。そして数日考えた末、ボランティア活動をしようと決意したという。

もうひとつの話は、鹿児島県の離島で、奄美大島に近い十島村の中之島にいたときの印象である。このあたりは台風がよく来るところなのだが、その年は例年になく強い台風がきて、屋根が飛ばされた家々が多かったし、人間も道の窪みまで飛ばされた人たちがいた。そもそも屋根がなくなるということはたいへんなことで、それが一軒だけなら共同作業でなんとかなる。けれども、かなりの家がそうなると人手が足りず、困っていた。

そのようなときに「本土」(九州本土や本州のこと)から若者が数人やってきて、なんにもいわずに淡々と屋根葺きを手伝い、一週間ほどしてめどが立つと、またなんにもいわずに本土にもどっていった。それはボランティアをするとかそのような決意じみたものではなくて、ただやってきて、仕事をして、そして(私の印象では)風のように消えていった。なんか非常にかっこよかったので記憶に残っている。

生きのびること・幸福であること

環境ボランティアやNPOというのはあたらしい言葉だ。あとでこの概念をていねいに検討したいが、とりあえずの言い方をすれば、環境ボランティアとは環境保全を意図した自主的活動者のことであり、NPOとはこの活動者の意図を実現するための営利を目的としない組織や団体のことである。

たしかにボランティアやNPOというと新鮮な響きがあるけれども、このような活動や組織自体は最近になってあたらしくできたものではない。おそらく人間の歴史とともに古いものであろう。なぜならボランティア活動の本質は、困っている他人に手をさしのべることであるからである。人間の歴史はいつも困っている人がいる歴史であったから、それは当然のことであろう。

ある新聞の論説委員がコラム欄で、テレビの時代劇にでてくる銭形平次はボランティアの元祖だということを書いていた。元祖かどうかは別にして、銭形平次とボランティアを結びつけた着眼点がおもしろいし、ボランティアの本質を見抜いていてその指摘のとおりだと思った。銭形平次はいまでいうおまわりさんなのだから、その仕事をキチンとしていればそれでよいのに、島流しになった男の家族を見舞って、働き手のいない家族の面倒をみたりするわけで、そこに私たちは拍手を送るのである。

ところで私たちは、どうして困った人に手をさしのべるのであろうか。その個人の心理の深みにまで入って分析することはできないものの、少なくとも社会構造のレベルではそれを説明することはできる。すなわち、どの民族も少し前の時代まで遡ってみると、メンバーの全員が生き残るためのさまざまな組織を整備していた。それとともに、ハンディのある人に対する配慮を当然のこととみなす社会的な規範（道徳）をそなえていた。あきらかに少し前の時代までは、飢饉や災害が定期的といっていいほど、しょっちゅう襲ってきたので、自分たちが生き残れるかどうかということが大きな課題であったからであろう。

日本の例でみても、家や村という組織はその本質はＮＰＯとさほど変わらない。家に非血縁者を入れたり、村によそ者が住むことも可能であった。もちろん、かれら新規参入者は、血縁者や旧住民ほどに優遇されなかったのは事実であり、それは現在の目から見れば差別と受けとめられるかもしれないが、とにかく生存を可能にさせてくれたのである。たとえば身寄りのない年寄りを「火焚きババア」と呼んで、竈の火を管理するだけの仕事のためにある家が引き取るという行為が、めずらしくなくおこなわれたのである。

家や村は本来はその構成メンバーが生き残るために工夫された組織であるが、それ以外の者も受け入れが可能であった。家に非血縁者を受け入れたのはあたらしい労働力が必要であったからだと指摘する研究があり、それ自体誤りではないが、そこに共存（共に生き残る）の考えがあったことも、たしかな事実である。

しかしながら人間は、たんに生きていればよいというのではなく、幸福であることを望む。したがって、幸福をうまく追求できない人がいた場合も、人びとは救いの手をさしのべた。そして現在のイメージでは、「生存」よりもこの「幸福」をうまく追求できない人たちに手をさしのべる方がボランティアのイメージに近い。銭形平次が小石川養生所におむつたたみの奉仕にでかけた方がボランティアの現在のイメージに近いのである。

2—環境ボランティア・NPOの意味

環境ボランティアとは

そもそもボランティアとはどのような意味なのだろうか。この用語は英語からきているので、英国の用法を探る例がみられる。それによると、「一七世紀中葉ピューリタン革命で全土が混乱状態になった英国で、自分たちの村や町を守る『自警団への参加者』をさす言葉だったという。一八世紀になると英国は世界中に植民地をもつ。それを守る大英帝国軍への『志願兵』へと意味が拡大した。社会問題に対する戦いに自ら志願する者という意味で『ボランティア』が転用されたのは一九世紀後半からのことである」(1)という。

また、キリスト教の聖書に起源を求める研究もある。それによると、この用語は、ラテン語のvoluntas（意志、決意、自発、喜んでする覚悟、親切などの意味）を語源とし、それが後に「志願兵」などの意味に転化されるが、そもそも聖書に登場する人物の行動のなかにボランタリーなものがあり、ボランティアの行動はキリスト教の教えから無縁ではない、という(2)。

また、現在のいくつかの英語辞典をみると、ボランティアを「自らの意志に基づいてサーヴィスを行う人」とか「とくに不快で危険な事柄をみずから引き受ける人」という言い方が目につく。これらを参考にしつつ、とくに環境分野を想定して、ボランティア活動を「自発的におこなう善意の行動」と、ここでは簡素な定義を与えておこう。そうすると環境ボランティアとは「環境保全を目的として、善意から自発的な活動をおこなう人」だということができよう。

NPOとNGO

ＮＰＯとＮＧＯはともにたいへん似た概念なのでややこしい。最近、日本ではどちらかというと、ＮＧＯよりＮＰＯという用語の方が頻繁に用いられるようになってきた。ＮＰＯとは Non-Profit Organization（非営利組織）のことであり、それにたいし、ＮＧＯとは Non-Governmental Organization（非政府組織）のことだ。後者のＮＧＯは文字どおりの意味としては政府機関でない組織をさすのであるが、実際には「政府機関でもなく企業でもない民間の非営利組織」という意味で使われている。対する前者のＮＰＯの文字どおりの意味は、営利を目的としない組織を意味するが、現実の使用法はＮＧＯの実際の使用法と同じだ。あえていえば、ＮＰＯとＮＧＯの間に強調点の違いがあるにすぎない。つまり、一方は「非営利」を強調し、他方は「非政府」を強調しているのである(3)。

ただ、少なくとも環境・開発・福祉などの分野においては、通常、ＮＰＯやＮＧＯといったとき、人びとは当該問題や課題の渦中にいる当事者を想定しない。外部からの応援組織を想定する。たとえば、ダムに沈む村において村人がダム建設反対の組織をつくった場合、それが非営利で非政府の組織であっても、ＮＰＯとは呼ばないことが多い。したがって、「外から支援する組織」という条件を加えた定義を、ＮＰＯやＮＧＯの狭義の定義といっておけばよいだろう。

この「外から支援する」という条件は環境ボランティアの定義にもあてはまり、環境ボランティアを狭義に（純粋に）理解するときは「「環境保全を目的として、善意から自発的な活動をおこなう外部からの支援者」と定義することができよう。ただ、理論的にはこのように一般的定義と狭義に分けておくと便利なのであるが、現実には内部、外部の区別は思うほど明瞭ではないし、区別することで逆に大切な特性を見逃すこともある。したがって、本書の各章における具体的な環境ボランティアやNPOの分析においても、さほど神経質にこの内部、外部の区別をしていない。その結果、狭義にそれらを規定している人の目からみると、環境ボランティアやNPOとは思われ難いものも分析対象にしているかもしれない。

サラモンのNPOの定義と日本社会の現実

日本でNPOについて討議するときに、レスター・サラモンの使用した定義がしばしば引用される。それが国際的に共有できるNPOの定義だからであろう。

サラモンらは非営利セクターの実態を知るために、日本を含めた世界の一二ヵ国の調査をすることを企て、そのために比較調査が可能な共通の定義を必要としたのである。それらは、①正式に組織されたものであること、②政府と別組織であること、③営利を追求しないこと、④自己統治組織であること、⑤ある程度自発的な意志によるものであること、⑥宗教組織でないこと、⑦政治組織でないこと、である。

もっともこの七つの条件のいくつかは相対的であるので、ある団体がこの基準に適合しているかどうかを明瞭にいえないものが含まれている。そして、日本人の常識から考えると、日本の実際の組織のなかで、NPOではないのにNPOに含まれそうなのは、自治会や婦人会などの地域に密着した小さな自発的な組織や、先ほどあげたダム反対の村の組織のような運動体である。それらが日本じゅうにいっぱいある。

もっとも、①の正式に組織されたものであること、は具体的には法人であることか、幹部職員（有給）がいて定期的な会合を開いていること、のいずれか、を判断基準にしている。日本のほとんどのこの種の組織は有給の職員をもっていないので、NPOから外される。したがって、さきほどの「外部からの援助」という条件が狭義のNPOの定義を形成したように、サラモンの定義では「法人」か「有給職員の存在」が、実際にはNPOの範疇を狭義にする役割をはたしている(4)。

さて、このように環境ボランティアやNPOを理解した上で、いまなぜこのような活動や組織が注目されているのかを、つぎに考えることにしよう。

3―オルタナティブな社会と環境ボランティア・NPO

ボランティアやNPOへの注目

ボランティアやNPOへの注目が高まっている。その理由はどこにあるのだろうか。三つに整理して述べよう。

ひとつは日本での動向である。日本でも一九八〇年代に入ると、福祉を中心としてさまざまな分野でボランティアの活動が目立つようになってきたし、NPOとは表現していなかったけれども、実質はそれにあたる組織体が貴重な役割をはたしてきた。しかしながら、なんといっても広く注目を集めたのは、のべ一四〇万人がボランティア活動に参加したといわれる阪神・淡路大震災である。

災害直後において、ボランティアのはたした役割はたしかに大きかった。また、いままでボランティ

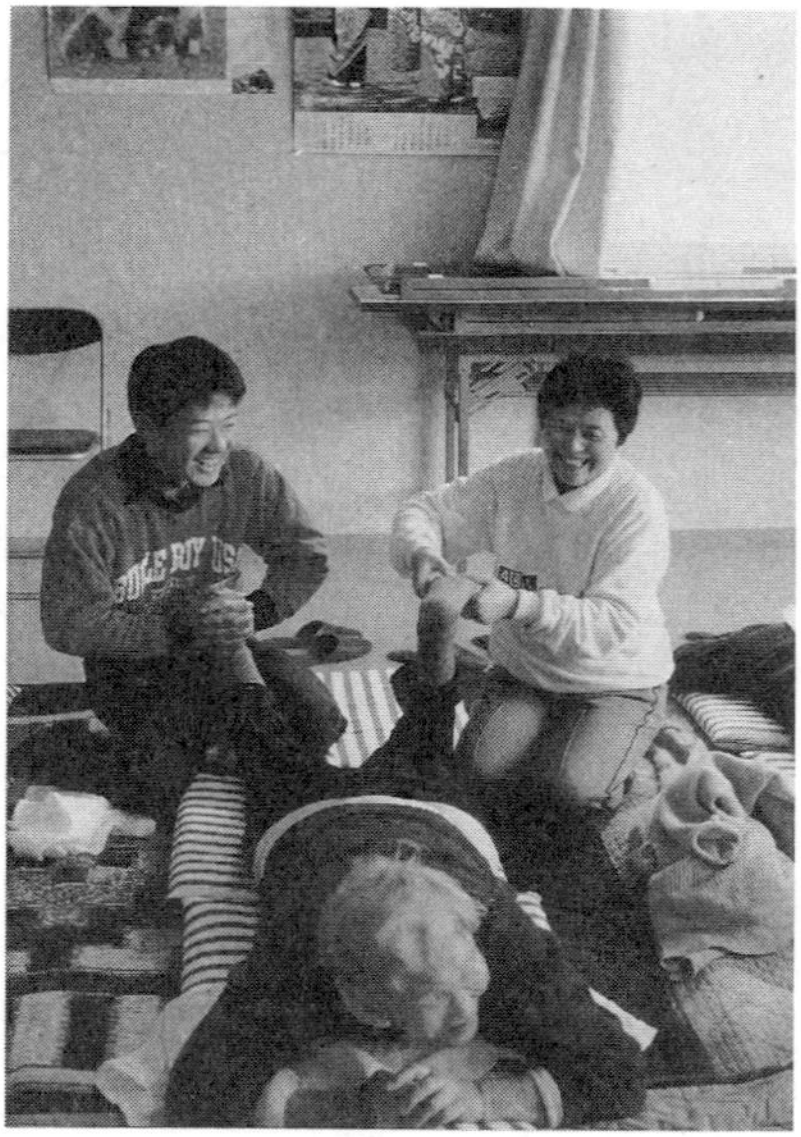

写真　仮設住宅でのボランティア（神戸市、一九九六年、兵庫県提供）

ア活動に消極的であった若者たちがこの震災のときには多数（ボランティアの七〇％が若者であったといわれている）参加したことも関係者を驚かせた。この震災を契機として、コミュニティの再生、また自分たちで自分たちの住む地域を責任をもってつくっていくという気持ちから、「まちづくり」への取り組みが震災前よりも積極的になってきた。それはとくに、防災や、高齢者や介護を必要とする人たちへの配慮からおこなわれた印象を受ける。そこではコミュニティを基盤にしたボランティアやNPOが注目されるようになった。

　ふたつめは、アメリカや日本など産業化が進んだ国々（先進国）での動向である。それらの国々では、経済成長がこれ以上望まれなくなった社会と認識し、生活の量的拡大ではなく、生活の質的向上を志向する「成熟社会」論（D・ガボール）が受け入れられつつある。質的向上は「心の豊かさ」とか「ゆとり」と表現されることが多いが、この質の向上にNPOなど、民間の諸組織がはたす役割が期待されることになった。ひとり暮らしのお年寄りに毎日声をかけるとか、自分たちの住んでいる地区をアジサイの花でいっぱいにする、というような活動は、行政施策にはなじまないためである。

三つめは、途上国にたいする国際的な開発政策からでてきたオルタナティブ開発（もうひとつの開発）論である。環境ボランティアやNPOを考えるとき、この三番目の論理が前二者の特性をも包含した本質的なものを含んでいると私は思っている。このオルタナティブ開発論は、一九七二年の「人間と環境に関するストックホルム会議」のころあたりから、開発や環境に関する国際会議のなかで徐々に姿をあらわしはじめた開発論である。

それは過去数十年間、経済開発を軸にして発展を考えてきたが——開発途上国（developing country）、先進国（developed country）を分ける「国民総生産」指標などが典型——その開発の結果が「さらに多くの人びとが飢え、病を患い、住む家がなく、文字を知らない」(5)状態を導いてしまった。なんのための開発（開発援助）だったのか、という反省のもとに、この状況を変えるためには、急速な経済成長、工業化中心、都市偏重にかわるモデルが要求された。あたらしいモデルは、食糧や水、住居といった人間の基本的ニーズの充足に焦点を合わせるモデルであり、これがオルタナティブ開発論である。

このオルタナティブ開発論を理論的に支えているひとりであるジョン・フリードマンは、「市民社会」がそれを実現する力をもつことを期待している。かれによると、「市民社会」とは国家と企業経済の及ばない集団であって、自律的な行動の核となるものである（「市民社会」は日本の社会科学固有の解釈があるので、本書の文脈でいうと、市民社会という表現よりもNPOやコミュニティといった方が理解しやすいであろう）。それが力をもつことにより、急速な経済発展を考えるよりも、いのちと暮らし（life and livelihood）の大切さを自覚する開発が実現できるという。なお、フリードマンの考え方は、経済発展モデルの否定ではなくて、その行き過ぎに対する警告であり、ふたつのモデルの共存政策が現実的であるとみなしている(6)。

紹介したこれら三つの動きには共通するものがある。それは「いのちと暮らしを守るということ」、あるいは「いのちと暮らしをいっそう充実させるということ」が計画や施策の優先課題となっていることである。これらを優先課題とする社会を、ここでは「オルタナティブ社会」と名づけておこう。

急速な経済発展モデルでは、ふつうは継続的に多量の工業製品を輸出する政策がとられ、そこには「一般民衆」の入る余地はなく、「企業」と「政府」の知恵に依存せざるをえなかった。しかし、オルタナティブ社会モデルでは、これらを守ったり、充実させるためには、いのちと暮らしの主役である「民衆」や「その組織体」が前面にでなくてはならなくなったのである。

途上国で環境ボランティアやNPOが活躍しているのはいのちと暮らしを守る分野だ。また、日本でもそれらを守り充実させることが期待されている。いまなぜ、環境ボランティアやNPOが注目されるのか、と問いかけたとき、それは本質的には、いまあたらしく自覚されつつあるオルタナティブ社会の実現のためであると答えることができよう。

日本のNPOの現状と特徴

フランス、イギリス、ドイツ、イタリア、アメリカ、ハンガリー、日本の七ヵ国のNPOを比較したサラモンらは、日本のNPOの特徴をつぎの四点にまとめている。すなわち、①非営利組織の設立を認可する包括的な法体系がないこと。②規模が小さいこと。③教育・調査研究と保健・医療のふたつの分野の比重がきわめて高く、文化・環境保護・市民運動といったそれ以外の分野での活動はあまり盛んではないこと。④民間の寄付の割合がきわめて低いこと(7)、この四点である。ただ、この四点の指摘について、少しばかり注釈が必要であろう。

①の法体系については、第一〇章の指摘にあるようにいろいろな問題を含みながらも、いわゆるNPO法（特定非営利活動促進法）として九八年一二月に施行された。②の規模が小さいというのはそのとおりであるが、③のNPOの分野は実はNPOの定義とかかわっており、たとえば日本人のイメージするNPOには学校法人としての私立学校や医療法人としての病院は入っていないが、サラモンらの定義には含まれている。④の民間の寄付の少なさも、この③の特徴にかかわっている。たとえば、私立学校の場合、民間の寄付よりも授業料が大きな割合となっている。

このような理由があるため、サラモンらの七ヵ国比較は、あくまでも日本の大まかな傾向を知るため、と位置づけておけばよいだろう。この大まかな傾向をふまえた上で、焦点をもう少し日本の具体的なレベルに絞っていこう。

一九九七年二月に「市民活動地域支援システム研究会・神戸調査委員会」が兵庫県全域の「市民活動団体あるいはNGO、NPOとも呼ばれる、非営利公益活動を行う民間の団体」を対象に調査をおこなった。このような対象であるから、それは、「正式に組織されたもの」というサラモンらの考えるNPOの条件（たとえば、「法人」としての私立学校など）とは対象がズレている。この神戸調査委員会の対象の方が日本人が一般的に考えているNPOのイメージに近いであろう。われわれ日本人のイメージでは、NPOは学校や病院などの法人よりも、もっと不安定な市民の手づくりの組織体である。

この上記の調査委員会の調査は以下のような興味ある事実をあきらかにしている。

まず、一団体は平均して四・七一の活動分野をもっている。一九九六年におこなった仙台と広島の同種の調査でも平均四・四二であったから、市民活動団体（NGO、NPO）は複数の分野で活動するのがふつうのようである。そして主な活動分野をみると、上位三位は「地域・まちづくり」「障害者」「環境・エコロジー」となる。このように「環境・エコロジー」が三番目にでてくる。この「環境・エコロジー」の分野の特徴は、団体の会員数は大きいが予算規模は小さいところにあるという。会員数は一－四九、五〇－九九、一〇〇－四九九、五〇〇以上の四つの規模の分類のなかで、一〇〇－四九九人の規模のところがもっとも多かった。

これら市民活動団体のうち、会員制や会費制をとっているところが五割強、明文化した会則・規約をもっているところが五割弱となっている。また、なんらかの常勤有給スタッフをもつところは二割あり、非常勤スタッフをもつところは一割強となっている。また予算規模では百万円未満の団体が六割弱であった。

また日本の市民団体は行政との関係の強さを指摘されることがしばしばあるが、市民団体に回答を求めたこの調査によると、「ケースバイケースで考えたい」が三五・八%、「積極的に関係を持ちたい」が二七・二%、「必要外の関係を持ちたくない」が一三・二%であった。また企業との関係では「活動資金の寄付」を二〇・二%、「場所の提供」が一三・二%が求めている。それに対し「あまり必要ではない」が二五・五%を占めた(8)。

調査対象四五三団体のうち「環境・エコロジー」を第一の活動目的にあげた団体の数は四五団体あった。だいたいのイメージをつくってもらうために、あいうえお順で数団体の名前をあげておくと、以下のようなものである。アースデーひょうご、芦屋のゴミを考える会、猪名川の自然と文化を守る会、大蔵海岸を考える市民連絡会、小野の自然を守る会、などである(9)。

このようにNPOの定義のしかたに左右されるものの、わが国においても、住民による「環境・エコロジー」の活動がかなり積極的におこなわれている。ただし、規模はやや多いが予算規模が小さいということは、「とりあえず会員になっている」という人たちが多いことを予想させる。

4―実効性への課題

ボランティアやNPOはその目的や組織は多様だし、それらの概念自体も、検討してきたように、いまだ不安定である。したがって、それらの特徴や最近の傾向を指摘しようとしても、仮説段階の域をでるものではない。しかしながらそれらをいっそう実効性のあるものにするためには、現段階の発言も重要であろう。

親交関係の有無　十分な検証に耐えるものではないが、検討の材料として三つの点を指摘しておきたい。ひとつがその活性化のための「親交関係」の有無である。そのよい例が阪神・淡路大震災で、被害町村と姉妹関係やその他のなんらかの関係のある市町村やその住民は、相手の市に集中的に手厚くボランティアの手をさしのべた。そのことは私自身の関係者への聞き取りで痛感したことである。この震災のボランティアを詳しく調査した初谷勇がつぎのようにいっているが、それも同じ趣旨である。

「なぜ、雲仙・普賢岳や奥尻島のときは動かず、今回は動いたのか。それは、神戸に親類や友だちがいるとか、旅行で訪れたとか、なんらかの意味で神戸にかかわりのある人が多かったからではないか。身内意識や地縁のある人がいっせいに動いて、民間パワーが爆発したのだと思います。……ボランティア・スピリットには人権意識と相互扶助の二種類があります。欧米の緊急救援チームが日本へ来たがったのは、人権意識からです。キリスト教団の彼らは、相手がどこのだれであれ、放っておくのは罪だという意識があって、手助けする。ヒューマニズムは参加しなければ評価されない。……一方、日本は相互扶助の国だから、知っているか知らないかが決め手になる。冠婚葬祭に行くような意識です。これだけのボランティアが動いたというのは、神戸の町の影響力の大きさだ。そして、この身内意識をどう育てるか、維持するシステムをどうつくるかが、これからの課題のひとつになるでしょう」(10)。

この「親交関係」に対して、初谷は日本文化論的説明をしている。それは日本文化論者（たとえばG・クラーク）などからよく言われるところの日本人の「タマネギ的習性」と関係があるかもしれない。タマネギの中心に自分がいて、中心の輪に近い人に対してほど、親切にするという習性である。

ところでむずかしいのは、環境分野は対象が被災者や高齢者などと異なり、直接的な対象が多くの場合、自然的環境や文化・歴史的環境であって、人間ではなくモノであることである。したがって、「親交関係」を見いだしにくく、西欧の「ヒューマニズム」にあたる「なにか」が要求される。この「なにか」がなにであるのか、まだ十分にわからない(11)。あるいは読者は第二章以下の分析のなかでそれを嗅ぎ取られるかもしれない。

コミュニティに基盤をおく

ふたつめは、いま日本のボランティアやNPOはコミュニティを基盤にする活動への傾斜をしている。それが最近の傾向として見いだせる。ただこれは日本固有の傾向ではないらしくCBO（community based organization）という用語がアメリカなどでも使われはじめている。CBOとはコミュニティに基盤をおいた組織（とくにNPO）のことである。コミュニティの存在が環境保全に強くかかわっていることは、私は別の機会に詳しく述べているので(12)、ここではこのような事実指摘だけにとどめておきたい。

自由主義と共和主義

三つめは、たいへん抽象的でむずかしい議論になるが、自由主義と共和主義の問題である。環境ボランティアおよびNPOが課題とする対象は、すでに述べたように、政府や企業から一定程度自立した市民（民衆）が主役となるものである。過去の世界の歴史を振り返ってみると、政府権力（封建権力）から自立する市民（民衆）の戦いが多くの国々でみられ、そのときの市民（民衆）の自立の思想は自由主義か共和主義であった。自由主義と共和主義の定義は研究者によって異なり、さまざまな歴史的な含意をもつ。またしばしば混同されるほどにその概念範疇は重なるところもあるが、とりあえず、以下のようにこのふたつの用語を使うことにしよう。

すなわち、自由主義は市民個人個人の自由と自立を旨とする思想である。具体的にいうと、自由主義的考えでは〈権力をもつ官僚〉対〈民主主義を代表する市民〉という構図になりやすく、拘束を受けない市民の自立性を強調し、政府は市民を拘束しがちなので評判は悪く、小さな政府を良しとする。それに対し共和主義は同じように市民の自立を唱え、制御主体としての市民を軸におくけれども、公共善の追求をもっとも大切なものと考え、その結果、市民の公共的参加を義務（道義）とみなす思想である。

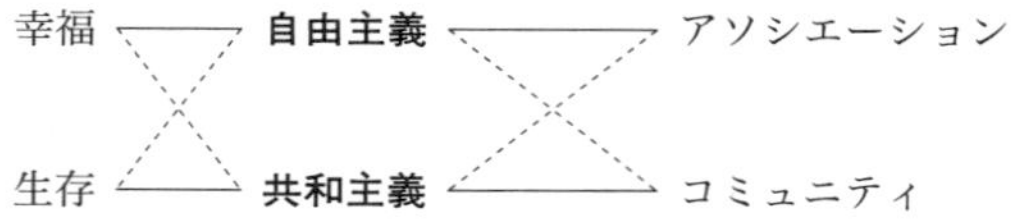

図1　自由主義と共和主義

（注）── は強い親和的関係をあらわし，----- は弱い親和的関係を表現している。しかしながら，最近の「コミュニティ」の目的と概念の変化が「共和主義」と「幸福」との間の親和性を強めつつある。

そこでは政府の大小はとくに問題ではない。公共的なあることがら（たとえば介護福祉）に対し、政府（行政）か市民か役に立つ方が担当すればよいという考えである。そのため、政府（行政）が役に立つ分野は縮小する必要がないと考える。

このように市民が主体になる思想をふたつに分けて考えてみると、図1にみるように、自由主義はアソシエーション（特定の目的のもとにつくった集団、たとえば日中友好協会、春日町水泳クラブなど）と親和性があり、共和主義はコミュニティと親和性がある。つまり、コミュニティの強調は、共和主義的な思想になっていく。コミュニティとかかわりのない仲間のクラブのような組織をつくる考えは自由主義と親和性がある。

そして、この章の冒頭で、ボランティアの目的として「生存」のためと「幸福」のための二種類を示したが、じつは「生存」追求は共和主義と結びつきやすく、「幸福」追求は自由主義と結びつきやすい。2節でボランティアの起源として、一七世紀の自警団の参加や志願兵をボランティアと呼んだという事実を紹介したが、これらは自分たちの共同体の生存をかけており、共和主義の思想である。したがって、ボランティアは共和主義的考えからはじまったともいえる。しかしよく考えてみると、共和主義的ボランティアは大きな組織になりがちで、目立たない小さな仲間の組織としての自由主義的ボランティアも歴史のはじめにあったかもしれず、どちらが起源かは即断できないだろう。

つまりいいたいことは、「ボランティア」というものは、思想としては自由主義と共和主義の間を揺れ動いているのである。阪神・淡路大震災の時点では共和主義が前面にでてきたことが観察された(13)。私たちが環境ボランティアやNPOとはいったいなんだろうかと考えるとき、それを支える背後の思想についても無自覚であってはならないと思う。なぜなら、自由主義的な思想と共和主義的な思想では、その戦略・戦術が（行政としては政策と施策が）明確に異なってくるからである。しかし現状においては、どちらの思想が優れているといえる段階ではなく、そのことにとりあえず自覚的であるべきだろうという指摘にとどまる。

この章では、とくに「環境」を意中におきつつも、それに限定せずに「ボランティアとNPO」についての原理、基本的な論点を述べた。ボランティアやNPOは過去の歴史的存在ではなく、現在進行中のものである。したがって、第2章以下においては、あまり理論的、原理的議論に終始しないで、具体的な事例のなかで討議することになろう。この分野では、現在進行中の事実のなかにこそ、貴重なアイデアやヒントが内包されているように思えるのである。

注

(1) 立木茂雄「ボランティアと社会的ネットワーク」立木茂雄編『ボランティアと市民社会』晃洋書房、一九九七年、一二一頁。

(2) 田淵結「キリスト教的ボランティア理解のための一試論」立木編、前掲書、五九―六一頁。

(3) 国際的にはNGOという用語の方がNPOよりもよく使われるが、それは国連が国際的な平和・軍縮運動などをしている民間団体をNGOと名づけたことが大きな引き金となった。それにたいし、わが国でNPOという用法の方が受け入れられた経緯については第一〇章（堂本暁子）を参照いただきたい。

(4) L・サラモン、H・アンハイアー、今田忠監訳『台頭する非営利セクター』ダイヤモンド社、一九九六年。

(5) ジョン・フリードマン、斎藤千宏・雨森孝悦監訳『市民・政府・NGO』新評論、一九九五年、三三頁。

(6) オルタナティブな開発について記述したところは、主要には、フリードマン、前掲書、に依拠した。かれは途上国においては、NPOの規模が小さく、またNPO自体がしばしば外国援助依存型である実状を十分に自覚しているようである。したがって、NPOの役割を、政府の既存の経済発展路線を廃止してもうひとつの社会を実現させることにおくのではなくて、「国家を、草の根住民の利害により敏感に応答する機構に方向づけること」と位置づけている。これは理想論を廃したNPOの力量にみあった実現性のある提案であると私には思われる。

(7) サラモン、アンハイアー、前掲書、一二〇—一二五頁。

(8) 市民活動地域支援システム研究会・神戸調査委員会『大震災をこえた市民活動』一九九七年。

(9) 同右委員会『グループ名鑑「兵庫・市民人」'97』一九九七年。

(10) 本間正明・出口正之編『ボランティア革命』東洋経済新報社、一九九六年、一五二頁。

(11) この「なにか」は、大まかな枠組みはみえている。それは表現はいろいろになるだろうが、その核は「みんなで暮らしをよくする」という思想であろう。「自分が」ではなくて、「みんな（自分たち）で」であり、「暮らし」とは「世」と同意のものである。仲間で世をよくしていくという考えが日本の伝統的な改革意識であることを民俗学の研究成果が教えてくれており、この環境分野を国家や企業ではなく「民衆」が責任を背負ったときにはこのような言い回しになるだろう。けれどもいまのところこのような大まかな枠組みしかみえない。

(12) 鳥越皓之『環境社会学の理論と実践』有斐閣、一九九七年のとくに「はしがき」。

(13) 具体的には鳥越皓之「成熟社会型共和主義は成り立つか」『書斎の窓』有斐閣、一九九七年一一月号を参照いただきたい。共和主義の思想は、ローマ時代にまでさかのぼることが可能であるが、現在の共和主義と直接関係性をもつのはT・ジェファソンやB・フランクリンなどのアメリカ合衆国の創設者などの共和主義思想であろう。共和主義も自由主義も自由を大切にするが、共和主義においては、自由を守るためには、その構成員全員が責任をもって共同でことに当るべきであるという考えが軸にある。合衆国創設者の表現のなかには、しばしば生命を賭しても自由を擁護すべきであるというような、倫理的共同体の考え方がみられる(R・ベラー、島薗進・中村圭志訳『心の習慣』みすず書房、一九九一年、三三―三七頁)。西部劇で人びとが町を守る姿を想定すればわかりやすいかもしれない。

コミュニティとアソシエーション（15-16頁）

「**コミュニティ**」(community) は伝統的には共同体とか協同体と翻訳されてきた。それは血縁や地縁、また友情などにもとづいて比較的強固な紐帯（つながり）をもった地域団体を意味することが多いが、たいへん多様な意味で使われてきた。一方の「**アソシエーション**」(association) は連合とか結社体という訳をもっており、特定の目的のもとに成立する紐帯を意味している。

このふたつの用語が社会学の分野でひろく使われるようになったのは、イギリス（のちアメリカ）の社会学者マッキーバー（R. M. MacIver）が、社会を分析する対概念としてこの二つの用語を使用したためである。マッキーバーによるとコミュニティとは、ある領域で区切られるほどのまとまりをもった共同生活体のことである。このコミュニティのなかに、スポーツクラブや学校といった特定の機能をもった組織が存在し、この特定機能組織（集団）をアソシエーションと呼んだのである。したがって、コミュニティとはアソシエーションを支える母体とも言い換えられうる。

わが国で「コミュニティ」というこのカタカナの用語が**地域政策**の用語としてひろく使用されるようになったのは、一九七〇年代（昭和四〇年代の後半）頃からである。わが国では、地域社会において日常生活を共にすごす人たちの組織的まとまりを「コミュニティ」と呼んでいる。とくにコミュニティを形成しようといったときには、そこに単に近隣生活を基礎にした組織づくりという意味だけではなく、気持ちの上での仲間意識の醸成も期待しているところがある。

もうひとつのアソシエーションという用語は専門の社会学者以外では使われることは比較的少ない。

（鳥越皓之）

部落会・町内会・自治会（6頁・23頁以下）

基礎的な地域組織のひとつであり、小学校区よりも小さな近隣の単位で構成されている。およそ二〇戸から七〇〇戸位の数がめやすとなろうか。とくに農漁村の集落を単位としたこの組織を「**部落会**」、都市の町内（丁）を単位としたものを「**町内会**」と呼ぶ慣わしがあった。地域によって大きな差異があるものの、昭和四〇年代頃から、農漁村、都市の区別なくこの組織を「**自治会**」と呼ぶところが増えてきた。

この組織はいくつかのきわだった特色をもっている。一つが加入の単位が個人ではなく世帯であること（世帯単位制）。二つめが領土のようにある地域空間を占拠し、地域内に一つしかないこと（地域占拠制）。三つめが特定地域の全世帯の加入を前提としていること（全世帯加入制）、四つめが地域生活に必要なあらゆる活動を引き受けていること（包括的機能）、五つめが市町村などの行政の末端の役割を担っていること（行政の末端機構）、である。

この組織がこれらの特色をもっているのは、その歴史的な経緯による。わが国にはすでに江戸期において、農山漁業地域における村組織や、城下町などの都市の丁組織が確立していた。そして名主や庄屋、あるいは年寄、丁代などと呼ばれた代表者がこの組織を差配していたのである。現存の自治会のほとんどはその個別の歴史を江戸期にまで遡れないものの、そこでできあがった原型が、明治期以降のこの組織の特色を決定した。「行政」の定義にもよるが、この組織は明治一一年の発布の布告第一九号「地方税規則」までは行政内部の組織の一部とみなしてもよいだろう。その後、民間組織として位置づけられながらも、行政の末端機構の役割を捨てたわけではなかった。他面、この組織は一貫して、いわば近隣社会の家々の連合体として、地域近隣の生活保全の役割を担う組織でもあった。

この組織は行政の末端機構と地域生活の基礎単位という両面をもっているため、時代によっては非常に官制的色彩の強いときがあったし（昭和一五年から二二年まで）、現在のように、地域住民たちの自立生活組織という色彩の強いときもある。政府は一九九一（平成三）年に「地方自治法」を改訂してこの組織が法人格を取得できる権限を与えている。

この組織は封建的であるとか、長老支配であるとか、行政への圧力団体であるとか、さまざまな批判を受けてきた。しかし他方、近隣生活にとって不可欠な組織であるとの自覚も住民の間に高まり、**ゴミやリサイクル**などの環境保全の組織としての利用や、**まちづくり**組織としての利用、また行政との交渉の単位としてなど、さまざまな現代的課題に対応する組織としての評価も得ている。

（鳥越皓之）

兵庫県「県民ボランタリー活動の促進等に関する条例」(一九九八年)

都道府県は「特定非営利活動促進法」(NPO法)にもとづき、NPO団体の法人格の認証など、具体的な施策・事務を担当するため、必要な事項を定める条例(地方公共団体の法)を制定している。そもそもこの法律の誕生は兵庫県下で発生した**阪神・淡路大震災**を契機としているため、兵庫県条例は県の固有の見識を示すものとして、条例にとくに「前文」をおき、「**ボランタリーセクター**」を社会に確立する必要を説いている。以下に引用して紹介する。

「未曾有の被害をもたらした阪神・淡路大震災では、多くの掛け替えのない人命と住み慣れた街並みが失われた。この震災の経験は、これまで築き上げてきた既存の社会システムの脆弱さを気付かせるとともに、来るべき二一世紀の社会の在り方を私たちに問い掛けた。他方、家族や地域における身近な人々の助け合いは、コミュニティの大切さを改めて認識する契機ともなった。さらに、県内はもとより、国内外から駆け付けてくれた数多くのボランティアや各種団体の活動のうねりは、新しい時代の芽生えを感じさせ、私たちに明るい希望を与えてくれた。

(中略)これらの経験を踏まえて、今後の社会の在り方を見据えたとき、県民一人一人やボランティア団体等による自発的で自律的な活動を積極的に評価するとともに、これらの活動の更なる発展に向けた取組が不可欠であると理解することが重要である。すなわち、今後の本格的な成熟社会においては、県民一人一人から始まる自発的で自律的な活動が社会を支え発展させていく新たな原動力となる。そのような理解の下、私たちは、公的な領域と私的な領域の中間に位置する公共的領域における活動を担うボランタリーセクターを社会の中に確立することを重要な課題として位置付ける必要がある。

ここに、阪神・淡路大震災に際してのボランティアの活躍が制定の契機となった特定非営利活動促進法の施行に当たりボランタリーな活動の大切さを改めて認識し、この活動を促進するための基本的な施策を定めるとともに、同法の施行に必要な事項を定め、もって県民の相互協力の下に、自由で調和ある自律社会の形成を図るため、この条例を制定する。」

(鳥越皓之)

第2章　守る環境ボランティア

——与野市のリサイクル・システムにおける自治会の役割

谷口　吉光

1——リサイクルと自治会

ふしぎな花壇

住宅地の坂道の途中にその花壇はあった。どういうことのない十字路の角を、まるくぐるりと取り囲むようにブロックが据えられ、そのなかに赤いツツジや紫の菖蒲の花が咲いていた。その花壇に私の目がとまったのは、花壇のうしろに駐車場と空き地しかなかったからだ。個人の家の庭ではない。といって、公園というほどの広さもない。私有物とも公共物とも見えず、周囲から切り離された様子のその花壇は、通りがかりの私の目を引いた。

私はある自治会長の家に行く途中だった。私のいた場所は埼玉県与野市。大宮市と浦和市に囲まれ、市のまんなかを南北にJR埼京線が貫いている。二〇〇一年にはこの三市が合併して「さいたま市」となることが決まっている。与野市は人口約八万二〇〇〇人の東京近郊のベッドタウンだが、リサイクルに関して全国的に注目を集めている。

市内全域で、びん、缶、古紙（ダンボール、新聞、雑紙）、古衣類、牛乳パック、ペットボトルなど一二品目の分別回収をおこなっているほか、燃えるごみと燃えないごみを有料回収し、ごみ減量に大きな効果を挙げている。一九九七年には「クリーン・リサイクルタウン」として、全国二六の市町村のひとつに選ばれ、厚生大臣表彰を受けている。

私は与野市のリサイクルについて調べていた。社会学者として、与野市のリサイクルの成功の秘密が地域自治会にあるのではないかと考えていたのだ。あとで詳しくふれるが、与野市は自治会活動が大変盛んなところでもある。首都圏のベッドタウンとして団地やマンションも多いが、市内全域を三九の自治会が網羅しており、約八割の住民が自治会に加入している。

一見すると全然関係のなさそうな「リサイクルと自治会」の間の関係を知りたいと思った私は、三九人の自治会長に一人ずつ会って話を聞くという作業を二年越しで続けており、その日もその一環で市内を歩いていたのだった。

「ふしぎな花壇」の謎はそのあとすぐに解けた。伺った自治会長のYさんが次のように事情を説明してくれたのだ。

「あの十字路は角が空き地だから、通行人がごみを捨てるんで困っていたんだ。タバコの吸い殻から空き缶、あげくの果てに家のごみまでそこに捨てていくんだからひどいもんだった。自治会ではくり返し清掃したんだが、また捨てられてしまう。結局、市役所に交渉して予算を取り、その空き地に土盛りをして花壇を作ってもらった。その代わり、苗を植えたり、雑草を取ったりする仕事は自治会でやってるんだ。おかげでごみを捨てる人はずっと少なくなったよ」。

目に見えない努力と工夫

この話は小さくさりげないものだけれども、私が知りたいと思っていた「リサイクルと自治会」の関係を凝縮しているように思える。「通行人が空き地にごみを捨てて困る」という問題に、この自治会では空き地を花壇に変えるという方法を考え出して、何とか問題を解決した。私はこの問題解決の仕方にとても感心した。

行政の立場から考えれば、ごみの投げ捨てというやっかいな問題に対しては立て札を立てるとか、広報で訴えるとか、学校で注意するとかの解決策が考えられるが、いずれも即効が期待できるとは思えない。しかし、この自治会がやったように、ごみを捨てる空き地そのものをなくしてしまえば（そしてそれをきれいな花壇に変えてしまえば）、たしかに通行人はごみを捨てにくくなるだろう。

しかし、反面、空き地を花壇に変えるという仕事はだれにでもできることではない。まず、この件で行政と交渉できる立場でなくてはならない。予算をつけさせるためには、行政に対するそれなりの信用も必要だろう。また、その花壇をずっときれいに管理するための力量がなくてはならない。そして、永く維持管理することを考えれば、そこに住む住民でなければできないことである。そう考えると、この花壇は地域自治会ならではの特徴を活かしたユニークな解決策だということがわかってもらえるだろう。

ただ、こうした努力は地味なものだ。自治会の会員ならまだしも、外部の人間にはまったくわかってもらえないことも多い。「ふしぎな花壇」にしても、私が自治会やリサイクルに関心のない一通行人だったとしたら、おそらく見過ごしてしまっただろう。

山と積まれたごみ袋

与野市で見たほかの例を話そう。これも自治会長の聞き取りをしていた時の話だが、ある自治会の区域に入ったとたん、道路わきにごみの袋が人の背丈ほど高く積み上げられていて驚いたことがある。一瞬、不法投棄かと思ったが、ごみは市役所の指定した袋にきちんと入れられ、整然と積み上げられていた。しかし、どう見ても普通の集積所にくらべてごみの量が多すぎる。

この謎もそこの自治会長のOさんの説明で氷解した。住民の立場からすれば、集積所はできるだけ自分の家の近くにあった方がいい。そういう声が強いために、与野市では収集車のルートに沿って、二―三軒で共用する小さな集積所が数メートル間隔で点在している。しかし、Oさんにいわせれば「それは収集員にとっては、数メートル進むたびに車を止めて数個のごみ袋を集めなければならないという負担になっている」。まして数個ずつのごみ袋は地面に置かれているから、収集員はいちいち腰をかがめてそれを拾わなければならない。それは収集員の腰痛問題の一因になっているという。

「こうした問題を自分の区域では改善したいと思って、この周辺の会員に話をして、四つあった集積所を二つに減らして、六〇世帯のごみを一個所に集めることにしたんです。そしてごみ袋を積む時には、できるだけ高く積むようにみなさんにお願いしたわけです。高く積めば収集員がトラックに積む時も楽でしょ」。

説明するOさんの口調は心なしか誇らしげだった。聞いている私は「こういうやり方があるのか」

このように、聞き取りを進めるにつれて、与野市の自治会では行政のごみ収集やリサイクルにただ受け身的に協力するだけではなく、自分たちのできる範囲で目に見えない努力と工夫を積み重ねているということがだんだんわかってきたのだった。

2―与野市のリサイクル・システム

焼却炉の老朽化から始まった

先に述べたように、与野市はリサイクルの先進地として全国に知られているが、本格的な取り組みが始まったのは一九九〇年頃、市内にあるごみ焼却炉が老朽化してきたことがきっかけだった。この焼却炉は一九五五年に建設されたもので、九〇年頃には処理能力の低下が目立ってきていた。

与野市役所では「ごみ対策推進本部」と「ごみ対策市民委員会」を設置し、まず市役所内に分別ボックスを置いて資源回収を始めるところから対策に取りかかった。焼却炉を長く使うために燃やすごみを減らす、つまり分別回収とリサイクルを進めるというのがその方針だった(1)。それ以来、リサイクルの取り組みは着実に発展していく。年表風に示すと表のようになる。

与野市のリサイクル・システムの発展には次のような特徴が見てとれる。第一に、単品ごとの分別回収を積み上げながら、次第に包括的なリサイクル・システムを作り上げていったこと。

第二に、さまざまな新しい試みを着実に実行していること。分別回収の品目を増やすのに平行してリサイクル・バザールやリサイクル・フェアを実施したり、ペットボトルでTシャツや毛布を作ったり、また年表には書かなかったが各種のパンフレット類を発行したりしながら、市民の関心を高めたり、啓

表　与野市のリサイクル・システムの展開

1990年	月２回古紙を回収する「紙の日」のモデル実験開始
1991年	「紙の日」全市展開，びん・缶回収モデル実験開始
1992年	毎週１回の資源回収をおこなう「リサイクルデー」を全市展開 ごみ収集の有料化の検討開始
1993年	リサイクル品を販売するリサイクル・バザールを２回実施
1994年	リサイクル・バザールを２回実施
1995年	リサイクル・バザール実施 ごみ収集有料化に関する提言まとまる
1996年	指定袋による有料化開始 ペットボトル分別回収開始 第１回，第２回リサイクルフェア実施 ペットボトルを再生してＴシャツと毛布を商品化
1997年	牛乳パック分別回収開始（５分別12品目になる） 牛乳パックを再生してトイレットペーパーに商品化
1998年	与野商工会議所が事業系古紙リサイクル開始

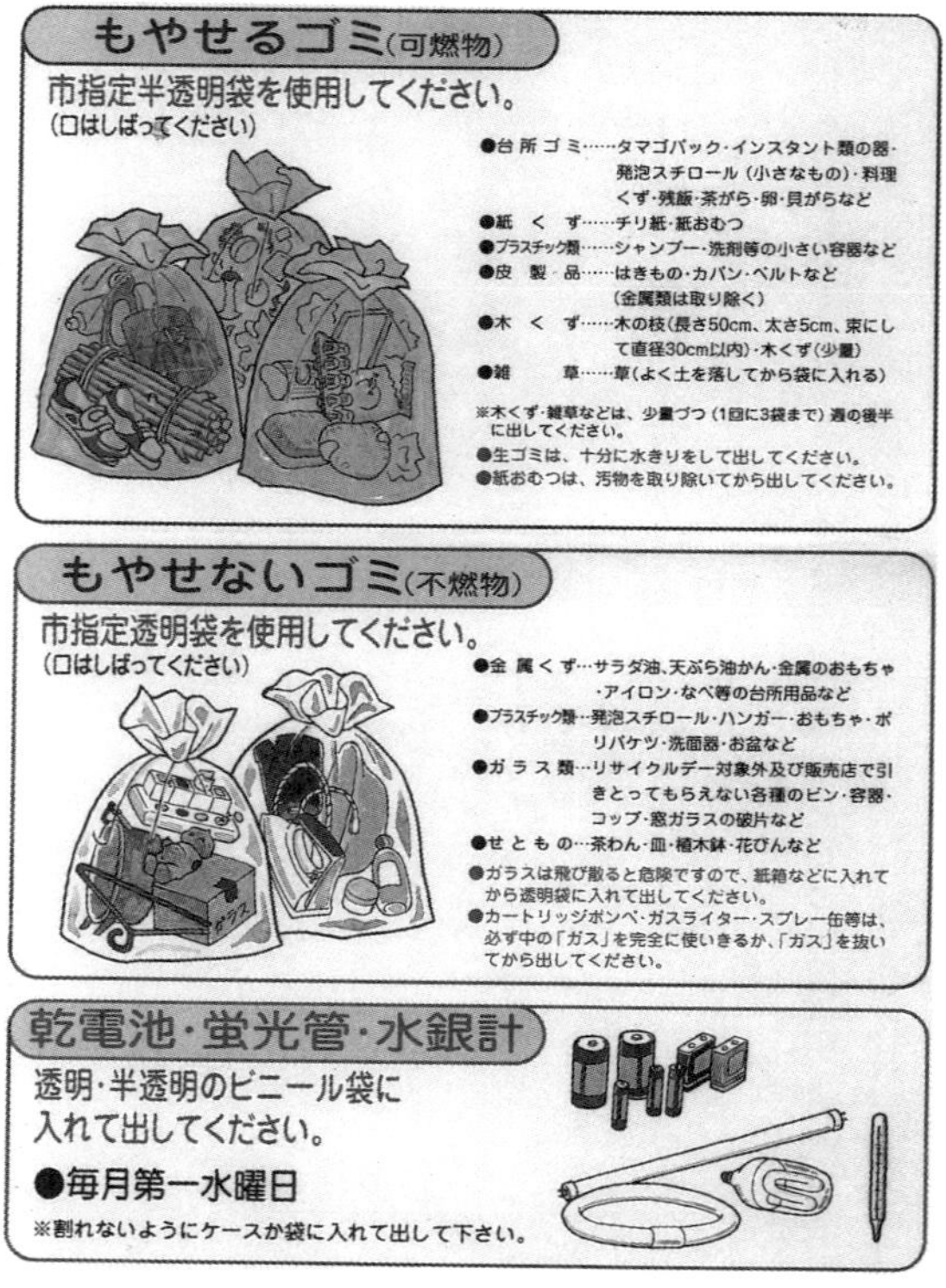

図１　集積所に出せるゴミ（埼玉県与野市、一九九七年四月）

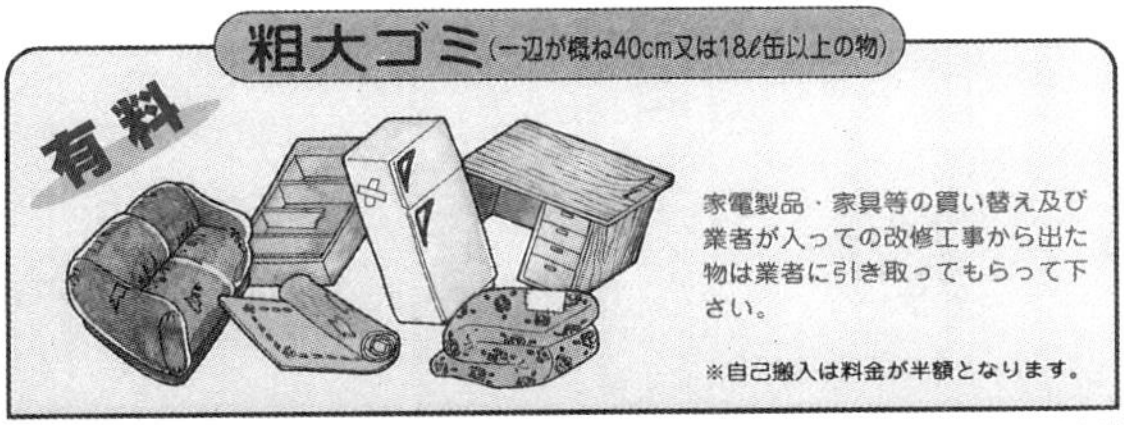
粗大ゴミ（一辺が概ね40cm又は18ℓ缶以上の物）
有料
家電製品・家具等の買い替え及び業者が入っての改修工事から出た物は業者に引き取ってもらって下さい。
※自己搬入は料金が半額となります。

図2　集積所に出せないゴミ（図1と同）

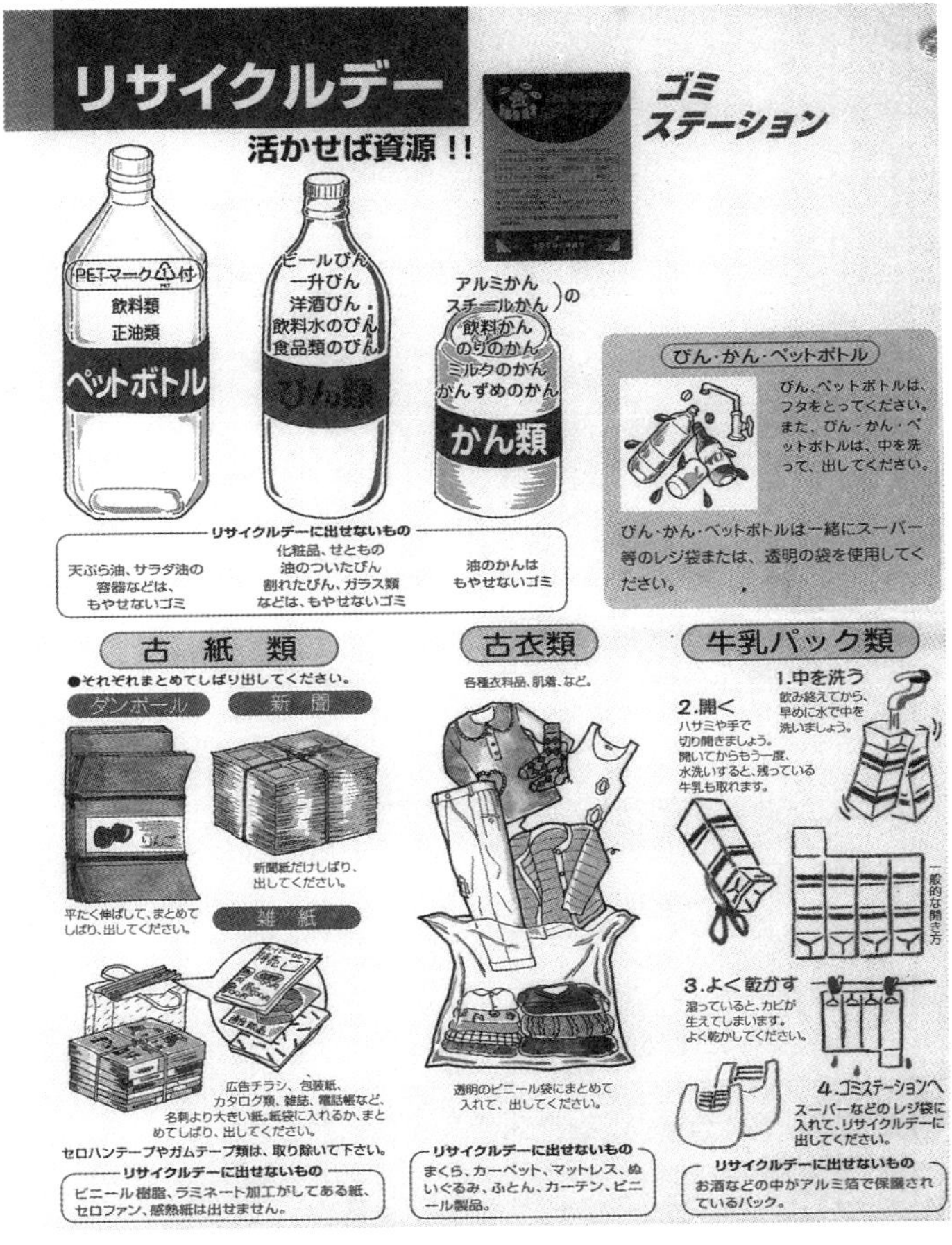
リサイクルデー
ゴミステーション
活かせば資源！！
PETマーク付
飲料類
正油類
ペットボトル
ビールびん
一升びん
洋酒びん
飲料水のびん
食品類のびん
びん類
アルミかん
スチールかん
の
飲料かん
のりのかん
ミルクのかん
かんずめのかん
かん類
びん・かん・ペットボトル
びん、ペットボトルは、フタをとってください。また、びん・かん・ペットボトルは、中を洗って、出してください。
びん・かん・ペットボトルは一緒にスーパー等のレジ袋または、透明の袋を使用してください。
リサイクルデーに出せないもの
天ぷら油、サラダ油の容器などは、もやせないゴミ
化粧品、せともの
油のついたびん
割れたびん、ガラス類
などは、もやせないゴミ
油のかんは
もやせないゴミ
古紙類
●それぞれまとめてしばり出してください。
ダンボール
新聞
平たく伸ばして、まとめてしばり、出してください。
新聞紙だけしばり、出してください。
雑紙
広告チラシ、包装紙、カタログ類、雑誌、電話帳など、名刺より大きい紙。紙袋に入れるか、まとめてしばり、出してください。
セロハンテープやガムテープ類は、取り除いて下さい。
リサイクルデーに出せないもの
ビニール樹脂、ラミネート加工がしてある紙、セロファン、感熱紙は出せません。
古衣類
各種衣料品、肌着、など。
透明のビニール袋にまとめて入れて、出してください。
リサイクルデーに出せないもの
まくら、カーペット、マットレス、ぬいぐるみ、ふとん、カーテン、ビニール製品。
牛乳パック類
1.中を洗う
飲み終えてから、早めに水で中を洗いましょう。
2.開く
ハサミや手で切り開きましょう。
開いてからもう一度、水洗いすると、残っている牛乳も取れます。
一般的な開き方
3.よく乾かす
湿っていると、カビが生えてしまいます。
よく乾かしてください。
4.ゴミステーションへ
スーパーなどのレジ袋に入れて、リサイクルデーに出してください。
リサイクルデーに出せないもの
お酒などの中がアルミ箔で保護されているパック。

図3　リサイクルデー回収品（図1と同）

図4　与野市の一人一日当たり家庭系ごみの排出量

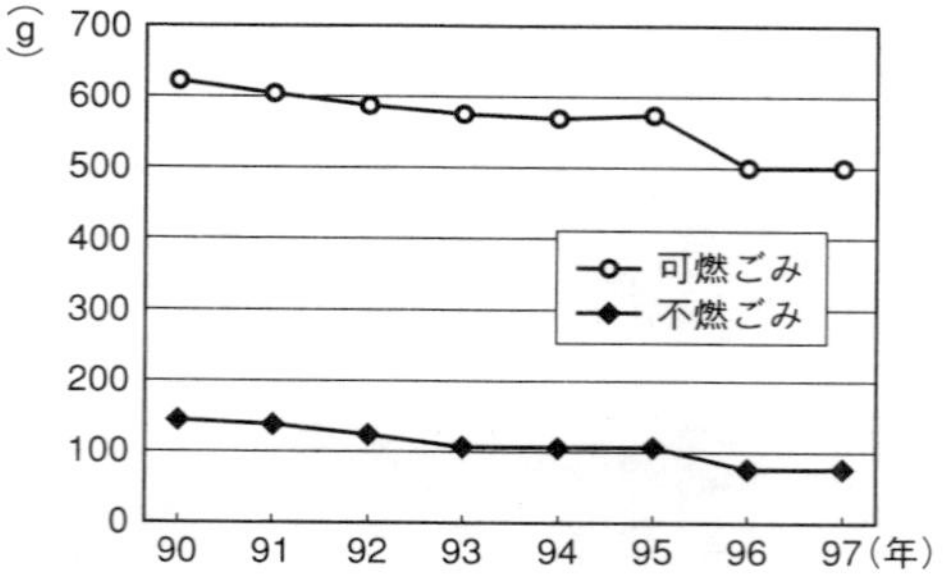

図5　与野市の一人一日当たり資源物回収量

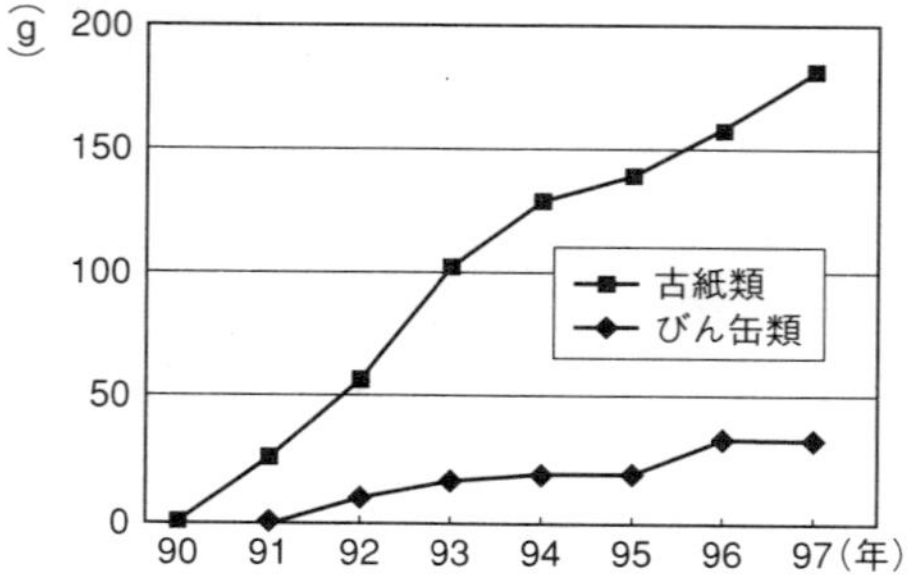

発したりしている。

第三に、年表からはわからないが、こうした活動が行政と市民の間の密接な協力によっておこなわれていること。ここでいう「市民」には自治会ばかりでなく、各種の市民団体や自発的に参加している個人などが含まれるが、いずれにしても行政が上から押しつける形ではなく、市民と行政が知恵と労力を出し合いながら創意工夫を積み上げていくというところに与野市のリサイクルの大きな特徴がある(2)。

しかし、あとで述べるように、市民団体のなかでも自治会の役割には特筆すべき点がある。

めざましいごみ減量効果

与野市のリサイクル・システムは大きなごみ減量効果をもたらした。図4は、一九九〇年から九七年までの一人一日当たりの家庭系ごみの排出量を表している(3)。可燃ごみも不燃ごみも、有料化が始まった九六年にガクッと排出量が減っているが、それを除いても排出量は一貫して減少している。可燃ごみの場合、九〇年から九七年の間に一九・一%減少しているが不燃ごみではこの比率はなんと四六・二％に跳ね上がる。言いかえると、この七年間で一人当たりの不燃ごみはほぼ半分に減ったのである！

これはすごいことだと思う。分別回収で資源化されるのが古紙を除けば大部分が不燃ごみであることを考えれば、分別回収が進めば進むほど、不燃ごみがどんどん減っていくということは理解できる。

それでは、分別回収によって集められた資源物の量はどうなっているのだろうか。図5にそれを掲げた。古紙もびん・缶も、回収量が着実にまた大きく増加しているのがわかる。とくに注目したいのは有料化との関係である。有料化が始まったのは九六年だが、びん・缶は確かにその時点で一段と回収量が増えているが、古紙はあまり関係なく九一年から一貫して増加している。ごみ減量の議論では往々にして有料化をとくに重要なものとして考えがちだが、与野市では有料化を含む、リサイクル・システム全体の力でごみを減らしていることを強調しておきたい。

3―リサイクル・システムのなかの自治会

自治会の二つの役割

さて、また自治会の話に戻ろう。与野市の強力なリサイクル・システムのなかで自治会はどのような役割を果たしているのだろうか。

それは大きく二つに分けられると思う。ひとつは、リサイクルに関する行政の政策を決める時に、いろいろ意見をいったり、提案をしたりする役割、一言でいえば「問題提起」あるいは「政策提言」の役割だ。与野市の場合、この分野でも自治会はよく働いた。与野市のごみ政策の基本となった「アルバトロスプラン　ヨノ　８２８」という計画を作った時も、その後四年間をかけて有料化に関する提言をまとめた時も、委員会にほかの市民団体と一緒に自治会の役員が参加していた。それも単なる形式だけの参加ではなく、委員会では積極的に発言したようだ。

自治会は原則としてすべての住民が加入するタテマエになっているので、その代表である役員の発言は住民の「総意」として受けとめられることが多い。その意味で、鳥越皓之がいうように自治会は「環境問題などたいへん現実の切実な問題を解くときにも有効な組織として存在している」といえるのである(4)。

しかし、自治会の役割が断然光るのは、もうひとつの役割である、リサイクル・システムを草の根レベルで支える方だろう。この役割については、聞き取り調査によってようやく見えてきたことなので、再びいくつかの細かい例を紹介しながら説明したい。

ルールの徹底　普通、ごみの分別は個人的な行動だと考えられている。しかし、与野市の自治会長の聞き取りの結果、自治会は分別する個人を支えるさまざまな活動をおこなっていることがわかった。そのなかでも重要だと思うのは、住民にごみを出すルールを徹底させることだ。

新しいごみ回収の方法が始まると、市役所はその内容とルールをポスターやパンフレットのような形で全戸に配布する。しかし、そのルールがどれほど合理的に作られていても、社会には必ずルールを守らない人間がいるものだ。それを、近所づきあいなどの人間関係を上手に利用して守らせるようにするのが、自治会の役割である。

有料化が導入される時期に「有料化を実施すればだれでも『ごみを減らして料金を安くしたい』と考えるから、ほうっておいてもごみは減るだろう」というような議論をよく耳にした。確かに、大部分の人間はそう考えるかもしれない。

しかし、聞き取りをした自治会長の多くは、少数ながら必ず例外がいることを教えてくれた。ごみ出しのルールを守らないタイプとしてよく挙げられたのは、「若い」「独身」で「管理人のいない賃貸アパートに住む」「いつ行っても部屋にいない」ような「男性」だった（この本の読者のあなたもあてはまるのではありませんか?）。こうした人はその土地に長く住むつもりがないからそもそも地域生活のルールに関心がないし、近所づきあいもしないので近所の人間関係を通じてルールを守るように働きかけることがむずかしい。

そうしたルールを守らない住民に、自治会はどう対処しているのだろうか。与野市役所は、ルールを守らずに出されたごみは収集しないという基本方針を取っている。そうすれば、収集されないごみが集積所に置かれているのを当の住民が見て、行動を改めるだろうと期待しているわけだ。

それをもっと確実にするために、ある自治会では、ごみが収集されずに残されたとき、近くに住む人が「このごみはルールを守らないために収集されませんでした」と書いた紙をごみに貼りつけているという。それでもだめな場合は、自治会長が当人のアパートに出向いて直接注意したり、注意を促す通知を入れてきたりする。

ある会長は、バスの停留所にくり返しごみを捨てていく人間がいるのに手を焼き、何日かそのバス停に「張り込んで」現場を見つけ、当人に注意したという。別の会長は自動車で自分の自治会の地域を走っているとき、ルールを守らない人を見つけると、車を降りて注意するという。「いきなり注意されて怒り出す人がいるんじゃないですか」と私が聞くと、「いやあ、たいていは自分が悪いとわかっているんでしょうね。すぐに謝りますよ」という答えが返ってきた。

以上はルールを守らない個人を注意するという例だが、新しく建築される予定のアパートに問題がありそうだと会長が判断して、事前に施主や建築会社に働きかけたという話も何度か聞いた。ここで問題は、自治会が任意団体なので、加入しない住民に対しては働きかける権限がないということだ。新築アパートの施主や建築会社は、入居者が自治会に加入するかどうかまで考えていないのが大半であり、それが入居後の住民と自治会のトラブルの一因になっている。そこで、そのアパートの入居者が自治会の会員になることを入居契約に盛り込むように、施主や建築会社に働きかけるわけである。もちろん、これはごみ分別だけのためにそうするのではないが、結果的に地域全体で分別ルールを守らせるような環境づくりをしていることになっている。

緊張感の維持と環境美化

以上のような活動によって、リサイクルに対して住民はいつまでも緊張した意識を持ち続けることができるだろう。それにしても、ルールを守らない住民に面と向かって注意する（注意し続ける）というのは、気力と根気のいる仕事だと思う。そういう住民はほんの少数のようだが、それでも根気よく注意する理由について、ある会長は「ルールを守らない人がいるとそこから地域全体がゆるんでくる。だから一人二人の行動を気にしなければならない」といっていた。

たしかに有料化の実施例を見ると、有料化直後はごみが大幅に減ったが、数年でまた増えてくるという話をよく聞く。新しい制度のもつインパクトがなくなって、住民の緊張感がなくなっていくからだろう。そういう意味でも、自治会役員の地道な活動は緊張感の維持にとって重要な役割を果たしていると考えられる。

リサイクルに対する住民の緊張感を維持する方法は、注意することだけではない。私が見た限り、与野市のごみ集積所の大部分はとても清潔だった。どの自治会でも、ルールを守らない集積所は二、三ヵ所しかなかった。どの会長も自分の地域でルールを守らない集積所がどことどこか、即座にいい当てることができた。それほど自分の住んでいる地域を注意しながら観察しているのだろう。

地域を観察する気持ちは地域の美化につながる。地域内に公共スペースがあると、通行人がごみを捨てる可能性が高くなる。広い空き地のような場合には車で家電製品を捨てに来られるかもしれないし、小さい児童公園ではごみ箱に家庭ごみを捨てられるかもしれない。これらは分別以前の、捨てる人間のモラルの問題だが、その地域の自治会にとっては自分たちが現実に対処しなければならない問題である。

与野市で該当するケースは何ヵ所かあったが、対応策として共通していたのは「その場所を日頃からきれいにしておく」ということであった。具体的には「老人会に協力してもらって、公園内の清掃を心がける」「空き地に草が伸びるとごみを捨てられるようになるので、いつも草を刈る」「ボランティアを募って、定期的にごみ拾いをする」などの例を聞いた。

「地域をきれいにしておくと、自然とごみを捨てなくなる」という言葉を何度も耳にした。ある分譲マンションでは、毎回ごみ収集車が行った直後に集積所をデッキブラシで入念に掃除する。そこの会長は「集積所をきれいにしておくと、悪臭がするようなごみを出すのがはばかられるようだ」という。自分が住民の立場になって考えれば、地域全体がルールを守り、きれいになっているのを見れば、自分もきちんとルールを守ろうという気持ちになるだろうが、もしまわりの集積所が雑然としていれば自分の気持ちもルーズになるだろう。ごみ出しのルールと環境美化はこんな形で結びついているのである(5)。

「自治会は行政の下請け機関だ」という批判がある。これまで書いてきたことからも、自治会は行政がやるべき仕事を代行していると考えて、不愉快な気持ちになった人もいるかもしれない。それは当たっている面があるが、そうなるにはそれだけの理由がある。「推進員」の例をとって話そう。

行政の下請け？

廃棄物処理法が改正されたとき、市町村では「廃棄物減量等推進員」という制度を設けることになった。法律によると、この「推進員」というのは「市町村行政との密接な連携の上に、地域に密着して一般廃棄物の減量化、再生利用を促進していくためのリーダー」と定義されている(6)。「推進員」の重要な仕事のひとつに、自分の地域のごみ集積所を数ヵ所から十数ヵ所見て回って、その様子を毎月市町村に報告するというのがある。場合によっては、ルールを守らない住民に注意しなければならない。報酬はほとんどない。とても簡単には引き受けられない大変な仕事である。

与野市では、ほとんどの場合、推進員は市役所の依頼を受けて自治会長が選んだ。なり手がなかなかいないという理由だけでなく、住民に注意して、いうことを聞かせるという推進員の仕事を考えると、だれでも勤まる仕事ではないからだ。結局、地域で一定の信頼を得ている人を自治会長の人脈で見つけることになった。与野市ではごみ行政だけでなく、自治会の組織と人脈を当てにして行政の政策がおこなわれる傾向が強いように思う（それは自治会がしっかりしているからよけいそうなのだろう）。

推進員を決める際に、スムーズに決まらない自治会も多かった。なり手が決まるまで自治会役員で数ヵ月交代でやったり、自治会の役員、時には会長の奥さんや会長自身がやったりという話を聞いた。「そこまでやらなければならないのか」と聞きながら深刻な気持ちになったものだ。

私はここでこの問題に結論を出そうとは思わない。自治会長たち自身の意見も一様ではなかった。「行政と自治会が密接に協力しているんだ」と肯定する意見もあれば、「行政が自治会に依存して怠慢を決め込んでいる」という批判的な意見もあった。私がここでいいたいことは、与野市を見る限り、自治会は行政のリサイクルにとって欠くことのできない役割を果たしているということだ。それは事実としてそうなので、それが望ましいことかどうかは別問題だということである。

4―自治会の力量と限界

「守る」環境ボランティアとは?

私は秋田県に住んでいるので、与野市の聞き取り調査はそのたびにちょっとした「旅行」だったが、自治会長たちの話は私にはとても楽しく発見的で、行くのが苦になることはまったくなかった。自治会の活動は劇的な社会変動とは無縁の日常生活でくり広げられている。住んでいる地域に密着し、それ以外の人にはほとんど知られず、しかし日々の活動を営々と続けている。しかも、それが単なる機械的なくり返しではなく、小さなところに創意工夫が盛り込まれていた。「ここまでやるか」「こんなやり方があるのか」と、自治会の活動は、私にはごみ問題を解決する草の根の知恵の宝庫のように感じられた。

本章のタイトルにある「守る環境ボランティア」という言葉は、まさにこうした自治会の人びとにふさわしいのではないだろうか。ごみの分別という作業は、市町村が決めた分別のルールに従ってごみを分けて、決められた日時に、決められた場所にそれを出すことだ。文字通りルールを「守る」ことがごみ分別の要《かなめ》である。

そしてルールを「守る」個人のまわりに、ルールを守らせようとする自治会の努力があることはすでに述べた。そこには新分野に挑戦するという話も、権力と闘うという話も出てこない。「ボランティア」という一般的なイメージから遠いと思われるかもしれない。しかし、生活に根ざした自治会活動だって立派なボランティアだと私は思う。

「ボランティア」という言葉はいうまでもなく欧米生まれだが、最近日本で注目されるようになって、不必要に狭い意味にとられているように感じられる。手元の英英辞典を引くと、ボランティアは「何かを進んでやること、とくに不愉快あるいは危険なことをやること」と簡単に定義されている(7)。

このように広く定義すると、病気で休んだクラスメートにノートを届けることから阪神・淡路大震災の被災者の救援に駆けつけることまで、みんな「ボランティア」となって、すこぶる使い勝手がいい。実際、欧米で使われているのもこうした広い意味の「ボランティア」なのだ。ところが、近年のボランティアに関する議論は非営利団体（NPO）や非政府系団体（NGO）を念頭に置いたものが多いせいか、ボランティアの定義もせまく、かつ重いものが多い。

たとえば、『イミダス98』では「ボランティア活動の理念は①自発性、②無償性、③公共性、④先駆性に集約される」などといかめしい意味づけがされている(8)。外国の会合で議長を決めるとき「だれかボランティアは?」（Who volunteers?）などという。「ボランティア」という言葉のこういうさりげないニュアンスを忘れないようにするとともに、日常生活でひたむきに活動を続けている「守る」ボランティアの大切さを見落とさないようにしたい。

ずっと自治会の活動を紹介しながら、その意義を積極的に評価してきた。しかし、もちろん自治会がリサイクル・システムを支える市民の力のすべてではない。本章の最後に、自治会の限界についてふれておきたい。

実行部隊としての自治会

リサイクル・システムにおける自治会の限界を一言でいえば、「守りには強いが攻めには弱い」といっていいだろう。方針の決まったことを、地域全体できちんとやりきるという面では、自治会はほかの市民団体やNPOにはない強さを見せる。あるいは、地域の不満を汲み上げて行政に伝えるという仕事も得意だろう。しかし、リサイクルや有料化のような新しい問題を、行政に先がけて提起するという仕事は必ずしも得意ではない。そういう仕事はむしろ市民団体の方が上手にやれるかもしれない。

自治会の「守り」の強さは、地域全体をカバーしているという点にある。だから行政も自治会を住民の「代表」として頼りにするわけだし、自治会の方も「住民を代表して」自分たちの意向を行政に反映させることもできる。しかし、住民を代表するという理由から、自治会には逆にあまり先進的な活動や提言ができないという性格が出てくる。いわゆる自治会の「保守性」というものである。これが高じると、行政や市民団体の新しい提案に自治会が協力せず、問題がいつまでも解決されないという結果になりかねない(9)。

その点、市民団体は自治会と逆の特徴を持っている。市民団体は地域の少数者の声を代表することが多い。だから先進的な問題提起をすることも多い。しかし、その反面、市民団体は住民全体を代表していないし、その活動がずっと続くという保証もない。リーダーが引っ越して、団体の活動が停止したというような話はよく聞く。だから、行政と交渉する場合でも、行政の側には市民団体への警戒心というものが生まれてくる。

ごみ問題はどんどん進化していく。分別、リサイクル、有料化、生ゴミのコンポスト、家電のリサイクルと、次々と新しい課題が生まれてくる。リサイクル・システムも、状況の変化に応じて柔軟に変わっていかなければならない。そのために、単なる市民参加を保証するだけでなく、新しい問題を取り入れる部分と、現在の課題を確実に実行する部分がうまく調整しながら進んでいくというしくみを作り出す必要がある。

与野市の場合、一連のごみ対策は、市役所の担当者が中心となって市民が発案していったようである。自治会や市民団体を含む市民たちの問題提起を受けて、市役所の担当者が新しい企画を立て、自治会を中心とした市民たちがそれを着実に実行していく。これが与野市のリサイクル・システムの展開の方法だった。「守る」ボランティアは、このようにリサイクル・システムの実行部隊としてなくてはならない存在だったのである。

「守る」環境ボランティアとしての自治会の活動は、リサイクル・システムの重要な一翼としてもっと高く評価されてしかるべきだと思う。

注

(1) もちろん与野市のごみ対策はリサイクルだけではない。全体については『与野市ごみ処理基本計画——アルバトロスプラン　ヨノ　828』（与野市クリーンセンター、一九九二年）を参照。

（2）少し古いが、与野市役所の担当者による紹介がある。諸橋秀之「与野市の〝リサイクルデー〟」『自治体・地域の環境戦略四　省資源・リサイクル社会の構築』ぎょうせい、一九九四年、一二三―一三二頁。

（3）細かいことだが、ここで掲げたのは与野市のごみ排出量の総量ではない。この間与野市の人口が増えているので、ごみ排出総量はあまり変わっていない。ごみ減量効果を正確に見るためには、一人当たりの排出量を見なくてはならない。

（4）鳥越皓之『地域自治会の研究――部落会・町内会・自治会の展開過程』ミネルヴァ書房、一九九四年、四頁。

（5）その他の自治会の役割については、谷口吉光・田所恭子・湯浅陽一「行政のリサイクルにおける地域自治会の役割―埼玉県与野市の事例をもとに（第一報）」『第八回廃棄物学会研究発表会講演論文集Ⅰ』一九九七年、一五一―一五四頁。

（6）厚生省生活衛生局水道環境部長「廃棄物の処理及び清掃に関する法律の一部改正について」『都市清掃』四五巻一九〇号、一九九二年、四四七頁。

（7）Oxford Advanced Learner's Dictionary of Current English.

（8）北川隆吉「市民・ネットワーク」『イミダス98』集英社、一九九八年、六一五頁。

（9）住民自治の拡大をめざすネットワーク編『住民自治で未来をひらく』（緑風出版、一九九五年）は、むしろ自治会によらない住民自治の事例をもとにしている点で、参考になる。

（付記）与野市は二〇〇一年五月に浦和市、大宮市と合併して「さいたま市」となった。合併に伴って指定袋による有料収集は中止になったが、収集品目や収集体制は合併前と変わらず、合併後半年を見る限りでは収集量も変わっていない。さいたま市では合併市の廃棄物行政のあり方を検討するために廃棄物等減量推進審議会を準備している。新しいリサイクル・システムの構築に与野市の経験と知恵が活かされることを望みたい。

ごみ問題―廃棄物とリサイクル（40頁）

大量生産、大量消費、大量廃棄から、循環型社会への移行が始まっている。

ごみは**一般廃棄物**（**一般ごみ**）と**産業廃棄物**に分けられる。一般廃棄物には家庭系ごみと、事業系一般ごみの二種があり、いずれも自治体（市町村）が回収、処理している。産業廃棄物は、事業活動により生じる汚泥、廃油など一九種類が定められており、事業者の責任で処理することになっている（**廃棄物処理法**による）。

全国で年間約五〇〇〇万トンにおよぶ一般ごみの回収、焼却、埋め立てを担当する各自治体にとって、**ごみ減量**と**リサイクル**は焦眉の課題である。

「**ごみ有料化**」とは、あらかじめ有料の袋やシールを購入してごみを出す方法で、全国で三分の一を超える市町村が家庭系ごみを有料化しているといわれる。東京都区部では事業系ごみの全面有料化を実施し、最近では古紙の回収にとくに力を入れている。

自治体と住民団体による資源物の回収率は、まだごみ処理量の一割程度にすぎない。二〇〇〇～一年にかけて「**容器包装リサイクル法**」「**家電リサイクル法**」「**食品リサイクル法**」「**建設工事資材リサイクル法**」（いずれも通称）などが整備され、企業の側にもリサイクル（再資源化、再商品化）が義務づけられる。ガラスびん、缶、ペットボトル、プラスチック、紙製容器、エアコン、テレビ、冷蔵庫、洗濯機などが回収・リサイクルされ、費用は企業・消費者が負担する。食品産業では生ごみの堆肥化が促進される。しかし法律だけが先行し、施行後に不法投棄がかえって増加するなど、問題点が多い。

二〇〇〇年五月、一連のリサイクル法を束ねる「**循環型社会形成推進基本法**」と企業の責任を強化する「改正廃棄物処理法」が成立した。ごみ減量には、企業側の「ごみになる商品を作らない・売らない」抑制が不可欠である。生産者がごみ処理責任を負う「拡大生産者責任」を明確にし、**デポジット制**（容器を戻すと預り金が戻ってくる制度）など多様な方法を取り入れたリサイクル・システムづくりが求められている。モノを使い捨てたり飽食するのではなく、「長持ちさせる」「再利用する」文化や価値観の復権が必要だ。（編集部）

参考文献　環境庁編『環境白書』平成一二年版、ぎょうせい、二〇〇〇年／『日本経済新聞』『朝日新聞』縮刷版、二〇〇〇年五月／『現代用語の基礎知識』二〇〇〇年

第3章　たたかう環境NPO

――アメリカの環境運動から

寺田　良一

1―なぜたたかうのか

一九九六年五月米国に滞在していた私は、ロイス・ギブズの講演会場にいた。ギブズはラブ・キャナルでおきた有害廃棄物公害事件の被害住民の団体「ラブ・キャナルの親の会」の代表で、「私たちの居住環境は土壌汚染や大気汚染で危機にみちています」と講演した。その後、聴衆の一人が質問した。「ではロイス、私たちはいったいどこに住むのが一番安全なのですか」。彼女は少し考えて決然とこういった。「私は、住民がたたかっているコミュニティが一番安全な居住地域だと思います」。

この言葉には、本章のタイトルにある「たたかう」NPO（非営利組織）がアメリカ社会で発展してきた理由が凝縮されている。自分たちでたたかわなければ他人はだれも守ってくれない。アメリカの「自由放任」社会のなかで、生き残る術を身につけてきた草の根の人びとの健全さ、たくましさがここにはある。

さまざまな「たたかい方」

米国のラブ・キャナルや日本の水俣病のように、公害や有害廃棄物の被害を被った住民たちは立ち上がり、企業や政府に補償や対策を要求してたたかってきた。被害住民は当然ながら手弁当のボランティアで、署名やカンパを集め、必要なときには訴訟も辞さなかった。こうしたボランティアの運動がはじめにあって、さまざまな環境問題のグループ・団体が形成されてきたともいえる。ギブズらの「親の会」も、その後全米規模のＮＰＯである「有害廃棄物市民情報室」へと発展していった。

一方、すでに百年の歴史をもつ自然保護団体も存在している。彼らも近年、地球環境保全、生物多様性保全の担い手として社会的に注目を集めている。以下ではこれらすべてを総称して環境ＮＰＯと呼ぶこととする。

本章では、次のような環境ＮＰＯのさまざまな「たたかい方」を、アメリカを中心としてみていくことにする。

①「公式組織」としての自然保護団体、
②「新しい社会運動」・直接行動型環境ＮＰＯとして「グリーンピース」、
③専門的アドボカシー（政策提言）型環境ＮＰＯとして「環境防衛基金」、
④草の根環境ＮＰＯとして「有害廃棄物市民情報室」「都市居住プログラム」など。

これらを具体的事例として比較しながら論じていきたい。

2―自然保護団体：「シエラ・クラブ」

シエラ・クラブ

日本においては、足尾鉱毒事件が、環境運動(1)の始まりとして知られている。しかしアメリカやイギリスにおいては、初期の環境運動の主要な目標は「自然保護」であった。一九世紀末から二〇世紀初頭にかけて、アメリカでは「シエラ・クラブ」「全米オーデュボン協会」「野生生物連盟」、イギリスでは「ナショナル・トラスト」などの団体が設立された。いずれも最初の本格的な環境NPOである。

「シエラ・クラブ」(Sierra Club) を設立し初代会長となったのは、米国の自然愛好家・政治家のジョン・ミューアであった。彼はセオドア・ルーズベルト大統領の友人でもあった。「シエラ・クラブ」の活動は、シエラ高地の登山好きの上流・中流階級の人びとの慈善活動としてスタートした。

「シエラ・クラブ」は、開発によって危機にさらされた貴重な森林や野生生物の生息地の保護を訴え、議会に働きかけるなど、精力的な政治活動を展開した。運動の結果、現在までに森林保全を目的とする法律の制定や森林保全地域の設定、国立公園の指定や区域の拡大など、多くの成果をあげている。有名なものではヨセミテ国立公園の拡充などがある。一九九五年時点での会員は五五万人、年間予算は三五〇〇万ドルともいわれ、大規模な組織体制（社会学では公式組織と呼ぶ）を整えている(2)。

穏健な政治的圧力集団

自然保護を掲げる環境NPOが早くから整備されたのは、富裕階層の人びとの慈善活動として始められた経緯もあるが、とりわけ登山や狩猟など自然の中で余暇を過ごす余裕のある中産階級を主な支持者としていたことによる。たとえば「シエラ・クラブ」は文字どおり「クラブ」社会であり、人種差別が問題化するまで、アングロサクソン系の白人しか会員になることはできなかった。初期の自然保護運動の環境NPOは、社会の有力者層に近く、議会へのロビー活動など政治的ルートももっていた。一九六〇年代以降の「たたかう」環境NPOとは対照的な、穏健な政治的圧力集団であったといえる。

3—「新しい社会運動」型環境NPO：グリーンピースの「虹の戦士」

新しい社会運動の時代

「たたかう」急進的な環境NPOが誕生したのは、一九六〇年代末から七〇年代にかけてであった。自然保護に加えて環境破壊、とりわけ有害化学物質や核物質による汚染や産業公害の問題に取り組んだ若者たちが主役である。

一九六〇年代は、世界的に学生運動、ベトナム反戦運動、女性運動、人種差別撤廃運動等が高揚したラディカリズムの時代であった。これらは「新しい社会運動」(3)と呼ばれている。西欧先進国を中心に、「豊かな社会」の環境破壊や心の荒廃に疑問をもつ「脱物質主義」の若者たちが、行動をおこしたのである。これらの若者たちは、これまでの穏健な環境NPOの活動には満足せず、産業社会の価値体系を根源から批判したり、直接行動に訴えたりしはじめた。

グリーンピースの虹の戦士

非暴力の直接行動をおこすことで有名な「グリーンピース」は、一九七一年、カナダで「シエラ・クラブ」の会員らによって組織された(4)。彼らはアラスカのアムチトカ島で地下核実験をおこなおうとしたアメリカ海軍に対し、ボートを仕立てて体を張って阻止する戦術に出た。もちろん、それだけで勝てるわけはない。彼らの目的は、世界中のマスコミがこれを事件として報道・

放映することによって世論を喚起し、核実験を中止に追い込むことであった。彼らのボートは「虹の戦士」号と呼ばれるようになった。

その後も、フランスのムルロア環礁での核実験、日本・ノルウェーなどの捕鯨活動、ヨーロッパ沖の有害廃棄物の焼却処理を阻止しようと「虹の戦士」はたたかった。その他にも、ニューファンドランド島での仔アザラシの撲殺猟を暴露したり、イギリスの核廃棄物処理場の排水口にふたをするなど、さまざまなセンセーショナルな活動で、勇名を馳せた。

こうしてグリーンピースは世の注目を集め、支持者を大幅に増やした結果、現在では三〇〇万人ともいわれる会員を擁する、世界有数の環境NPOに成長した。

彼らの直接行動は、厳密な科学的知識や論理よりも、感性や同情に訴える方法である。とくにクジラやアザラシの場合、食用・毛皮のために知性のある無抵抗な生き物を殺すことの道義性だけがうち出され、生物資源や生態系のバランスに関する議論はおこなわれなかった。アザラシ猟は漁業資源管理の観点から必要であるとの地元漁民・住民から批判がおこり、自然保護運動の側からもグリーンピースの戦術を一面的であると批判する声があがった(5)。

その後「グリーンピース」は一九八〇年代後半以降、科学的な専門知識を生かした運動に近づきつつある。たとえばフロン、塩化ビニールなど有機塩素化学物質汚染、核燃料再処理工場による核汚染の監視、有害廃棄物の輸出禁止、遺伝子組み換え食品の禁止要求、フロン不使用冷蔵庫「グリーンフリーズ」の開発などである。

近年では、遺伝子組み換え食品を扱わないよう大手食品加工業者やスーパーマーケットに交渉したり、環境破壊に対抗する政策提案の活動も展開している。もちろん依然として「非暴力直接行動」を方針として掲げており、それは今でも「売り」である。既存の制度に組み込まれないラディカルさを手放さず、かつ、環境保全策の対案提示や合法的手続きに則った圧力行使の手法を交えて「たたかい」を展開している。これが、世界的な支持を集めつづけている理由といえるかもしれない。

4―専門的アドボカシー（政策提言）型環境NPO：「環境防衛基金」

環境防衛基金

一九六〇年代後半の「新しい社会運動」の時代に誕生したのは、ラディカルな直接行動でアピールしたグループだけではない。専門知識を武器に、訴訟や公聴会を通じて政策転換を進めようとした「環境防衛基金（Environmental Defense Fund；EDF）」や「自然資源防衛会議（Natural Resources Defense Council；NRDC）」などの環境NPOがある。

EDFは、殺虫剤DDTの危険性を警告した科学者チャールズ・ウースターらによって一九六七年に設立された。DDTの危険は、エコロジーのバイブルといわれるレイチェル・カーソンの『沈黙の春』の中ですでに指摘されていた（日本では一九七一年に全面使用禁止となっている）。EDFは、ロングアイランドの「蚊対策委員会」にDDTの散布を中止するよう求めて訴訟をおこし、勝訴した。そして一九七二年には、全米でDDTの使用禁止措置を勝ち取った。環境科学の知見に基づいて農薬使用を禁止する訴訟をおこしたのは初めてのケースだったが、これがEDFのその後の戦術を方向づけることになった(6)。

EDFは、いわゆる運動家よりも、環境科学者、弁護士、経済学者、コンピュータ・サイエンティストなどの専門家スタッフの充実を図っていった。それによって、環境保全が経済的にも引き合うことを実証し、あるいは経営と両立するような環境保全策を企業に提案し、それを採用させるという「パートナーシップ」路線をめざした。

なかでも有名なのが、一九七八年にカリフォルニア公益事業委員会の公聴会を通じて「需要側管理抑制（Demand Side Management：ＤＳＭ）」政策を電力会社に採用させたことである。

ＥＤＦのコンピュータ・プログラマーは、新規の原子力発電所や石炭火力発電所建設計画をどうしたら阻止できるか、研究していた。その結果、電力エネルギーの「需要側の管理抑制」のシミュレーション・プログラムを開発し、電力会社が発電所の新規建設よりも省エネルギー、および再生可能エネルギーに投資する方が環境的にも経済的にも有利であることを証明したのである。ＥＤＦは原発や火発の新設を中止させることに成功した(7)。これはその後全米規模で政策として採用され、今日では日本を含む世界各国で、電力政策の一環に組み込まれている。

ビジネス化にたいする批判

ＥＤＦはこうしためざましい対抗的政策提言によって注目され、会員一五万人の大規模環境ＮＰＯに成長したが、企業とのパートナーシップ路線をめぐって、後述する「草の根」環境ＮＰＯから厳しい批判を浴びることになった。

冒頭で述べた「ラブ・キャナルの親の会」から発展した「有害廃棄物市民情報室」が一九八七年にハンバーガーの使い捨て発泡スチロール容器を使用禁止にする運動を開始したところ、ＥＤＦは、再生紙製の容器の使用という妥協策を企業に提案してしまったのである(8)。「有害廃棄物市民情報室」側は、使い捨て容器を問題として取り上げた自分たちのアイディアをＥＤＦが「横取り」し、企業に都合のよい妥協案を自分たちに何の相談もなく提起し、安易に妥協した、と批判した。
大規模環境NPOが草の根のグループの提起した争点を利用し、世論の支持を集めて中央で「成果」を上げ、活動資金を獲得する一方、しばしば企業や行政と妥協し、初めの問題提起はないがしろにされるという図式である。多くのスタッフと何十億円規模の年間予算をもつ大規模環境NPOは、必然的に自らの組織の経営維持に腐心せざるをえなくなる。そこに環境NPOの「ビジネス化」が生じるのである。環境NPOの「ビジネス化」にともなう保守化、草の根との乖離が近年問題になっている(9)。

5―草の根環境NPO：「環境正義＝公正」を求める人びと

有害廃棄物市民情報室

「新しい社会運動」の時代から約一〇年後、一九七〇年代末から八〇年代にかけて、「ラブ・キャナルの親の会」のような草の根環境NPOが次々に誕生した。「草の根」とは低所得層や白人以外の少数派住民（以下人種的マイノリティと呼ぶ）を含む、社会の裾野に暮らす人びとのことである。彼らは日々の暮らしに追われ、ごみ処理や公衆衛生、産業公害や自動車排気ガス等の面で劣悪な居住環境にあり、中産階級にくらべ深刻な環境問題、都市型公害に直面している。にもかかわらず、それまでの環境NPOがこの課題にとりくむ機会はほとんどなかったのである。

冒頭で紹介したギブズは、ナイアガラ・フォールズ市のラブ・キャナルに暮らす「労働者階級の普通の主婦」であった。公害被害にまきこまれた、つまりダイオキシンを含む産業廃棄物で地域が汚染され、子どもたちの健康が冒されたとわかったとき、ギブズはたたかいに立ち上がった。交渉に訪れた環境保護庁職員を「人質」にして補償交渉を敢行し、二年後にはついに画期的な米国の環境法、「スーパーファンド法」(一九八〇年)の制定を勝ち取ったのである(10)。ギブズはその後初めて全米規模で有害廃棄物問題にとりくむ環境NPO「有害廃棄物市民情報室(Citizens' Clearinghouse for Hazardous Waste;CCHW)」を設立した(11)。

一九八〇年代に草の根運動が高揚したもう一つのきっかけは、スーパーファンド法等に基づいて土壌汚染地域の指定作業が進み、有害廃棄物処分場の実態が明らかにされたことである。これによって、被害地域がアフリカ系やメキシコ系マイノリティの居住地に偏っている事実が明らかになったのである(12)。

環境社会学者のR・ブラードは、これらの事実を「環境人種差別」、それを是正する理念を「環境正義=公正(environmental justice)」と呼んだ(13)。「環境正義=公正」の運動は、やや難しくいえば、一九六〇年代の公民権運動(人種差別撤廃)の枠組みを環境問題の文脈で再解釈、発展させた運動ということができる。連邦政府も彼らの主張をとり入れ、「環境正義に関する大統領令」を一九九四年に発令し、環境保護庁内に環境正義を扱う部局を設置した。

都市居住プログラム

「都市居住プログラム(Urban Habitat Program;UHP)」は、一九九〇年にあらたに設立された草の根環境NPOである。一九九〇年のアースデイに雑誌『人種・貧困・環境』を創刊し、環境正義=公正を訴えて、マイノリティ地域社会の環境保全を地域再開発や経済開発計画に取り入れるよう提案してきた。とくに『人種・貧困・環境』創刊号では、大都市に居住する黒人児童に多い鉛中毒、核廃棄物汚染で全米平均の一七倍の生殖腺ガン罹患率を示す先住民、農薬汚染された水道水を飲むメキシコ系農業労働者などの現状を告発し、これらの問題を放置してきた既存の環境NPOをきびしく批判した。「都市居住プログラム」の活動は、マイノリティや女性を主体とした新しい草の根環境NPOの息吹を伝えるものである(14)。

同じ時期に、「よりよい環境をめざすコミュニティ(Communities for a Better Environment；CBE)」や「シリコンバレー反有害物質連合(Silicon Valley Toxics Coalition；SVTC)」など、相対的に小規模なタイプの環境NPOも台頭してきた(15)。彼らは、資金やスタッフ、専門知識に乏しい、文字どおりの住民グループに対して、環境科学や法律の知識を提供し「エンパワー」する(力をつける)ことを主要な任務としている。

CBE・SVTC

たとえばCBEは、一九七〇年代に白人を中心に設立された環境NPOだが、九〇年代に入り人種的マイノリティがスタッフには入っていないことの矛盾に気づいた。スタッフの人種構成を多様化させて、組織名も変更し環境正義=公正運動に歩み寄った経緯がある。

CBEは、石油化学企業などを相手に交渉している地域住民に、大気や水質汚濁測定技術を提供したり、企業や自治体との交渉を支援したりして、企業の情報公開や地域との「善隣協定」の締結を促す役割を果たしている。

草の根環境NPOの運動にとって大きな力となったのは、一九八六年、スーパーファンド法改正時に「地域社会の知る権利法」を付加することに成功したことである。これに先だつ一九八四年、ハイテク産業が集中するシリコンバレーにおいて、地下水汚染対策として各工場から排出される化学物質の情報公開を義務づける条例が制定された。この条例づくりに奔走したのが、「シリコンバレー反有害物質連

写真　シリコンバレー反有害物質連合（SVTC）のスタッフ（米サンノゼの事務所にて、一九九六年七月三一日撮影）。右端が代表のテッド・スミス氏

合」などの草の根環境NPOであった。これを契機として、同様の情報公開を全国規模で義務づけたのが「地域社会の知る権利法」である。

これにより各地の環境NPOは、地域内の、あるいは同一業種の企業において、汚染物質排出の比較データ（有害物質排出一覧、TRI）を公表し、排出量の多い企業に対して改善を求め、是正させていくことができるようになった。この法律の活用により、対象となった工場の化学物質の排出量は九〇年代半ばまでに四〇%減少したという(16)。

地域環境主義

草の根の「たたかい」は、ラディカルなものも穏健なものもあるが、担い手が地域の生活者や被害住民がおこした運動であることに特徴がある。当事者として地に足はついているが、大半は情報や社会的資源（活動に必要な資金や人手）に乏しく、多くの場合、ほかのグループからの「エンパワーメント」が欠かせない。

草の根環境NPOの戦術は、それ以前の大規模環境NPOのように、直接行動、専門家によるアドボカシー（政策提言）、制度化志向、などに大別することはむずかしい。企業に抗議行動をおこしたり、汚染データを示して善処するよう交渉したり、地方議会でロビー活動をおこなうなど、状況に応じてさまざまな戦術を駆使している。確実なことは、地域に根ざした草の根環境NPOは、大規模環境NPOの「ビジネス化」やご都合主義を批判しながらも、そのなかで培われてきた専門能力や交渉戦術を取り入れ、地域の現場に生かす試みを重ねていることである。これを「地域環境主義」の一つのあり方とみることもできよう(17)。

6―たたかいの課題

環境運動の変遷

環境NPOの「たたかい」は、戦術のスタイルをかえながら、着実に政治的影響力を強めてきた。二〇世紀初頭以来の自然保護団体にみられるような、ロビー活動を中心とした穏健な「エリート主義的環境運動」から、一九六〇年代の「新しい社会運動」の時代のラディカルな直接行動とマスコミを利用した世論喚起、そして有害化学物質や原子力の危険についての専門知識を駆使した対抗的政策提案の戦略へ、さらに環境正義＝公正を掲げる草の根環境運動へという変遷である。

日本の常識とは反対に、アメリカでは「環境問題」とはほとんど自然保護と同義であり、自然保護団体の支持者も、おもに都市郊外に住む中産階級の人びとであったことは先に述べたとおりである。産業公害や廃棄物問題は「都市問題」とはされても、「環境問題」のなかに入れられなかったのである。

ところが、一九七〇年代以降、先進各国において公害や有害廃棄物が原因とみられる住民の健康被害はますます深刻化している。アメリカの「主流派」である大規模環境NPOでさえ、これらを無視しえなくなってきた。七〇年代に誕生した新しい環境NPOにおいても、スタッフの大半が高学歴の白人中産階級出身者で占められており、現実に公害被害を受けた当事者はいなかった。このことが、当事者たちがおこした草の根環境NPOとの溝を深めた原因であった。

一九九〇年代に入ってから、環境正義＝公正をめざす草の根環境NPOの牽引力は非常に大きく、マイノリティ住民や女性へと参加者の裾野を広げた。草の根環境NPOの成功の鍵は、「たたかい」の原点である地域住民と、大規模環境NPOが蓄積してきた戦術や専門知識を結びつけたことにある。このことは、単にアメリカ国内だけでなく、NPO制度が緒についたばかりの日本においても、参考にすべき事柄である。

地域社会のニーズ

NPOの制度化やNPOの大規模化は、社会的セクターとしてのNPOの基盤を確立させるが、そのこと自体は両刃の剣でもある。団体やグループの利害、経営的関心が一人歩きして、地域社会のニーズから乖離する危険がつねにつきまとうからである。

とくに、ここではふれられなかったが、温暖化防止など地球規模の環境問題をめぐる国際会議の交渉において、環境NPO・NGOの影響力は増大しつつある。その場合も、組織の規模や専門性がますます重要性を増していくであろう。そうしたマクロな国家間・大規模NPO同士の駆け引きと、地域のミクロなニーズを結ぶ「たたかい」をどのように展開していくかが、今後の環境NPOの大きな課題であると思われる。

注

（1）環境問題を解決するためのさまざまな社会運動をさす。環境運動については、ハムフェリーとバトル、満田久義・寺田良一・安立清史・三浦耕吉郎訳『環境・エネルギー・社会』ミネルヴァ書房、一九九一年、が概観しているほか、『環境社会学研究』四号、一九九八年で特集をおこなっている。

（2）ハムフェリーとバトル、前掲書を参照。なおイギリスの代表的自然保護団体「ナショナル・トラスト」は、イギリスの湖水地方の環境保全をめざす弁護士や牧師によって設立された。くわしくは木原啓吉『ナショナル・トラスト』三省堂、一九九二年参照。

（3）「新しい社会運動」とは、フランスの社会学者トゥレーヌによれば「科学技術や生産至上主義に基づく専門家支配（テクノクラシー）に対する抵抗」、ドイツの社会学者ハーバーマスによれば「『生活世界の植民地化』に対する抵抗」などと規定されている。イングルハート、三宅一郎他訳『静かなる革命』東洋経済新報社、一九七八年も参照。

（4）以下の記述は、「グリーンピース」のウェッブサイト（http://www.greenpeace.org）およびF・ピアス、平澤正夫訳『緑の戦士たち』草思社、一九九二年、などによっている。

（5）たとえばアザラシの数が増えすぎると、餌になる魚を食べつくして漁獲量が減ってしまうので、アザラシ猟は必要という批判である。一般に、野生動物の保護がかえって生態系のバランスを崩すというむずかしい問題がある。

（6）Environmental Defense Fund, *Environmental Defense Fund 1998 Annual Report*, 1999.

（7）寺田良一「再生可能エネルギー技術の環境社会学―環境民主主義を展望して」『社会学評論』一八〇号、一九九五年、長谷川公一『脱原子力社会の選択』新曜社、一九九六年、第三章、岡部一明『インターネット市民革命』御茶の水書房、一九九六年、第二章、参照。

(8) Gottlieb, R., *Forcing the Spring : The Transformation of the American Environmental Movement*, Island Press, 1993, ch. 4.

(9) 諏訪雄三『アメリカは環境に優しいのか』新評論、一九九六年、ダンラップとマーティグ、満田久義ほか訳『現代アメリカの環境主義』ミネルヴァ書房、一九九三年、寺田良一「アメリカにおける草の根環境NPOの形成と展開」『地域社会研究』8号（都留文科大学地域社会学会）一九九八年、寺田良一「環境NPO（民間非営利組織）の制度化と環境運動の変容」『環境社会学研究』四号、一九九八年、を参照。

(10) 無過失責任の原則に則って、廃棄物を投棄した者や土地所有者に土壌汚染の原状回復を義務づけた。くわしくはSzasz, *ibid*., 吉田文和『ハイテク汚染』岩波新書、一九八九年などを参照。

(11) 一九八一年に設立され、最近「健康・環境・正義のためのセンター」と改称した。ダンラップとマーティグ、前掲書、Szasz, A., *EcoPopulism : Toxic Waste and the Movement for Environmental Justice*, University of Minnesota Press, 1994. などを参照。

(12) 一九八七年アフリカ系のキリスト教団体が、有害廃棄物施設がマイノリティの地域社会により多く立地しているとする『有害廃棄物と人種』と題する報告書を発表した（United Church of Christ Commission for Racial Justice, *Toxic Waste and Race, A National Report on the Racial and Socio-Economic Characteristics of Communities with Hazardous Waste Sites*, New York : United Church of Christ, 1987)。そこで、アフリカ系、メキシコ系の居住地域の六割に有害廃棄物処分場が存在することが明らかにされた。

(13) ブラード「環境的公正を求めて」、ダンラップとマーティグ、前掲書所収。原口弥生「マイノリティによる『環境正義』運動の生成と発展―アメリカにおける新しい動向」『社会学論考』18号（東京都立大学社会学研究会）、一九九七年、参照。

(14) Earth Island Institute, *Race, Poverty & the Environment*, vol. 1, no. 1, 1990.

（15）　ＣＢＥとＳＶＴＣに関する記述は、一九九六年八月に筆者がおこなった聞き取り調査による。詳細は、寺田「アメリカにおける草の根環境ＮＰＯの形成と展開」（前掲論文）を参照。

（16）　この制度はその後先進各国にも採用され、「汚染物質排出移動登録（Pollutant Release and Transfer Registration：ＰＲＴＲ）」と呼ばれている。「環境後進国」の日本も、一九九六年にＯＥＣＤからの採用勧告を受け、一九九九年に法制化し、二〇〇一年から施行する予定である。ただし情報公開が個別企業単位でなく（個別に料金を払えば公開される）、地域、業界単位であるなど、不徹底な内容となっている。

（17）　飯島伸子は、「地域環境主義」を、「個人をリージョン（地域）の内部に抱えながら、個人よりははるかに広い環境を有し、自治体という地域住民に対して本来的に責任のある専門的な行政機関を含む中範囲の単位として、グローバルな地球環境概念と対置されるべき概念」と定義している。飯島伸子「廃棄物問題の社会学的研究」『総合都市研究』六四号（東京都立大学都市研究所）、一九九七年参照。

ラブ・キャナル事件（43頁・50頁）

一九七〇年代の米国での公害事件。ニューヨーク州ナイアガラ・フォールズで住民に原因不明の諸症状、流産・早産や小児ガンが多発した。一九七八年、化学企業フッカー・ケミカル社が**ラブ・キャナル**（運河）に大量の有害廃棄物を投棄して埋め立て、その跡地が住宅や小学校になっていたこと、地中から**ダイオキシン**など発ガン性物質が浸出し、住民に健康被害をもたらしたことがわかった。一九八〇年には住民に立ち退き命令が出された。〝普通の主婦〟であったギブズら「ラブ・キャナルの親の会」の母親たちが立ち上がり、「草の根」環境運動を展開した。

（編集部）

水俣病（44頁）

第二次大戦後、日本は重化学工業の発展によって高度成長をなしとげたが、それにともなう環境汚染のために各地で公害被害があいついだ。工場排水から流れ出た有機水銀が原因で、多数の住民のいのちと健康が奪われたのが**水俣病**である。

一九五六（昭和三一）年、熊本県水俣市で四肢が麻痺するなどの住民の症状が報告された。原因究明にあたった熊本大学医学部は一九五九（昭和三四）年、チッソ水俣工場の排水中の有機水銀が水俣湾の魚の体内に蓄積し、それを食べたことによる中毒症状であると結論したが、チッソは認めなかった。一九六五（昭和四〇）年、新潟の阿賀野川流域で住民の有機水銀中毒（**新潟水俣病**）が発生し、一九六八（昭和四三）年、やっと国も熊本・新潟両水俣病は有機水銀が原因であると認めた。

チッソに企業責任と損害賠償を求める民事訴訟は一九六九（昭和四四）年に始まり、一九七三年に患者側が勝訴した。「水俣病認定審査会」が設置され患者を救済するはずだったが、認定基準がきびしく、二万人以上ともいわれる患者のうち認定患者は約二二〇〇人、そのうち約一三〇〇人が亡くなったという（一九九七年末現在）。被害者の多くが漁民であり、水俣病ゆえの二重差別や胎児性水俣病などの深刻な問題も残された。

（編集部）

参考文献　原田正純『水俣病は終っていない』岩波新書、一九八五年／宇井純・根本順吉・山田國広監修『地球環境の事典』三省堂、一九九二年／『現代用語の基礎知識』二〇〇〇年

足尾鉱毒事件（45頁）

明治政府は殖産興業・富国強兵策として鉱工業を増強させたが、その裏で地域社会に多大な犠牲を強いた。日本の公害の原点といわれる「**足尾鉱毒事件**」である。

一八八四（明治一七）年ごろから、栃木県足尾町の足尾銅山周辺で山枯れや川魚の大量死がみられ、一八九〇年の渡良瀬川大洪水によって下流一帯で農作物が壊滅するなど、銅山の生産量が増大するにつれて鉱毒が原因と思われる被害が広がっていった。

地元の代議士**田中正造**は帝国議会へ鉱業停止を請願し、下流の谷中村の農民らと「大挙東京押出し」を決行したが、弾圧された（川俣事件）。さらに政府と県は、抵抗の拠点となった谷中村住民を遊水池設置の名目で強制移転させ、一九〇七（明治四〇）年廃村に追い込んだ。銅山山元では亜硫酸ガスで広大な森林がハゲ山となり、松木村が移転・廃村をやむなくされた。荒畑寒村『谷中村滅亡史』（一九〇七年）が著されるなど、住民の生存と人権を訴えた運動は現代の住民運動の先駆といわれている。

（編集部）

参考文献　東海林吉郎・菅井益郎『通史　足尾鉱毒事件』新曜社、一九八四年

沈黙の春（48頁）　米国の海洋生物学者・作家**レイチェル・カーソン**（一九〇七—六四）の代表作。一九六二年刊。DDTやBHCなど農薬・殺虫剤の毒性が食物連鎖によって自然界全体に及び、地球そのものを破壊する恐れがあることを、夥しい動植物の被害例から示した。花も鳥も虫も死に絶えた「沈黙する春」の荒涼たる描写と発ガン性化学物質の恐怖は、全米で大反響をまきおこし、世界的ベストセラーとなった。多量の農薬投入に頼る農業や、ごみ焼却によるダイオキシンの拡散に対して、いまも警鐘を鳴らしつづけている。

参考文献　カーソン、青樹簗一訳『沈黙の春』新潮文庫、一九七四年

スーパーファンド法（51頁）　米国で土壌の汚染浄化と補償責任を定めた法律の通称。一九八〇年、八六年に成立した、土壌が汚染された場合、原因となった廃棄物の当時の所有者、排出者、輸送者にさかのぼって**原状回復責任**が課せられ、浄化費用を負担させられる。企業の廃棄物投棄の責任が明確になった。

（編集部）

参考文献　宇井純・根本順吉・山田國広監修『地球環境の事典』三省堂、一九九二年／ダンラップ、マーティグ編、満田久義ほか訳『現代アメリカの環境主義』ミネルヴァ書房、一九九三年

地球環境問題と環境NPO・NGO（55頁）

近年、**地球環境問題**の国際会議において環境NPO・NGOの活躍が目立っている。

一九九二年の**地球サミット**（175頁）以来、政府間国際会議に結集し、NGO独自のフォーラムを開催するなど、会議の内外で活発に環境保全をアピールしている。たとえば地球温暖化防止をめざす国際ネットワーク「CAN」には**シエラ・クラブ**、**全米オーデュボン協会**、**野生生物連盟**（45頁）、**地球の友**など「ビッグ・テン」といわれるアメリカの著名な自然保護団体や、**グリーンピース**（46頁）、**世界自然保護基金**（183頁）などの国際環境NPOが参加しており、一九九七年の**温暖化防止京都会議**でも重要な役割をはたしたといわれる。各団体の総会員数は数万人から二〇〇万人、年間予算は数億円から百億円という規模であるという。

なお、NGOとは当初、国連憲章や条約によって専門知識や地位を認められた、環境・経済・開発・人権等の領域で活動する民間組織をさす用語だった。現在ではNGO、NPOを厳密に区別せず、非営利組織一般をさして使われることも多い（173頁参照）。

日本ではこれほど大規模の環境NGOはなく、ある調査でも、同一市町村内で活動しているものが全体の七割を占めるなど、日本の環境NGOはコミュニティに基盤をおく地域密着型が多数派であったという（日本環境協会、一九九四年）。

日本でもNPOの時代を迎え、自然保護や地球環境保全などの普遍的理念を追求するNPOの成長が今後期待される。国際環境NPOの日本支部のほか、京都会議や二〇〇〇年の環境G8（主要八ヵ国環境大臣会合）に結集した「**気候ネットワーク**」（183頁）（京都市）や「**滋賀県環境生活協同組合**」（滋賀県安土町）、反原子力の専門研究機関・運動体である「**原子力資料情報室**」（183頁）、「**ア・シード・ジャパン**」（134頁）などが日本では頑張っている。

（編集部）

参考文献　山村恒年編『環境NGO』信山社、一九九八年／『環境社会学研究』四号（特集「環境運動とNPO」小特集「環境NGOと温暖化防止京都会議」）一九九八年／宇井純・根本順吉・山田國広監修『地球環境の事典』三省堂、一九九二年／『現代用語の基礎知識』一九九九年

第4章 〝普通の主婦〟と環境ボランティア
――逗子の市民運動から

森 元孝

1――池子米軍住宅建設問題

池子の森をめぐるドラマ

「池子の森を守ろう」のスローガンで一躍有名になった神奈川県・逗子市の市民運動を読者のみなさんはご存じだろうか。私は長年、逗子で種々の調査を続けてきた。市民、とりわけ〝普通の主婦〟がまきおこした逗子の市民運動とは何だったのだろうか。十数年をへて住宅完成にいたった「池子米軍住宅建設問題」とは、私たちに何を示唆しているのだろうか。まずその前史から説明していこう。

池子弾薬庫返還の願い

問題のそもそもの由来は、一九三七（昭和一二）年に旧日本海軍が、横須賀軍港に近い逗子に軍用倉庫を設置するため、土地の強制買収を始めたことにある。翌年には、当時の逗子町池子の三分の二の地域が海軍池子倉庫の設営地となった。

敗戦後、アメリカ陸軍が進駐し、旧軍の弾薬施設を接収し、「池子弾薬庫」として管理することになった。一九五〇年、朝鮮戦争が勃発し、この池子弾薬庫は、極東にある米軍にとって、東洋最大の弾薬庫としてきわめて重要なものとなった。

しかしこれに先立つ四七年秋には二度の大爆発事故が発生し、死者も出ていることなどから、逗子住民は、米軍に接収された土地を地元に返してほしいと強く願うようになった。一九五四年以後、市議会や市内の主要団体が主体となって接収地返還運動を続けていった(1)。

さて、そうした歴史が積み重ねられていた六〇年代半ばから七〇年代前半は、逗子市も東京、横浜周辺の他の諸市同様に、住宅開発のラッシュであった。六〇年に九八〇〇世帯四万人弱だった人口は、七五年には一万七〇〇〇世帯五万六〇〇〇人へと急速に増加したのである。

七〇年になって、弾薬庫は在日米陸軍から在日米海軍に移管される。七二年にほんのごく一部の返還が実現した。ベトナム戦争の末期、一九七三年には弾薬の搬出入が一時再開されたものの、七五年の戦争終結以降、事実上閉鎖状態が続いた。こうして日本国内にある他の米軍施設同様に、弾薬庫跡地全面返還の期待が高まったのである。

以上のように、逗子における接収地返還運動は、八〇年代になって初めて始まったのではなく、すでに古く長い歴史を踏まえた延長上にある運動、あるいはそれらの新しい展開であった。そして、七〇年代前半期までに開発された地域に移り住んだ新住民が、八〇年代の運動に大きな役割を演じるようになるのである。

池子に米軍住宅を建設する計画

一九七八年、当時の金丸防衛庁長官とブラウン米国防長官の会談において、日米間の貿易不均衡という問題を背景にして、在日米軍の経費軽減に日本が努力するという、いわゆる「思いやり予算」が案出される。その一環として、七三年以来横須賀を母港としていた空母ミッドウェーの乗員家族のための住宅を、池子弾薬庫跡地に建設しようという計画がもちあがったのである。

五万七〇〇〇人ほどの逗子の町に、千戸、三〇〇〇人を超える米軍家族が居住するという計画は、自然環境の変化のみならず、市民の社会生活全般にも少なからず影響を与えることは必至であった。市議会は八一年七月「米軍住宅建設反対と早期全面返還に関する意見書」を全会一致で採択。無投票で三選されたM市長も「弾薬庫の返還」を政策課題に挙げていた。翌年八月にも、市議会は同様の意見書を全会一致で採択するが、こうした動きは、これまでの接収地返還運動の歴史からいって当然のなりゆきであった。

一九八二年八月、防衛施設庁は、出先機関である横浜防衛施設局をつうじて、池子弾薬庫跡地を米軍家族住宅建設の候補地として調査する旨を市に通告してきた。これに対して、逗子市長、横浜市長、神奈川県知事は連名で、計画の中止と即時全面返還の要望書を政府、米国大使、米軍に提出。同年一〇月一八日には、市、市議会、市民協議会が共催で市民大会を開催、市民千人が参加した。弾薬庫へのデモ行進もおこない、全市あげての反対の姿勢を鮮明にしたのである。それにもかかわらず、横浜防衛施設局は二一日から地質調査のボーリングを実施する。

「守る会」の結成

このボーリング調査に対して、この日から連日、それまで互いにまったく知らなかった人たち、三〇人から七〇人の市民が弾薬庫のゲート前に駆けつけたのである。

「〔最初〕基地になるんではないかとびっくりしましたね。逗子の町が変わってしまうと思った、

図　逗子市と旧池子弾薬庫跡地概略図

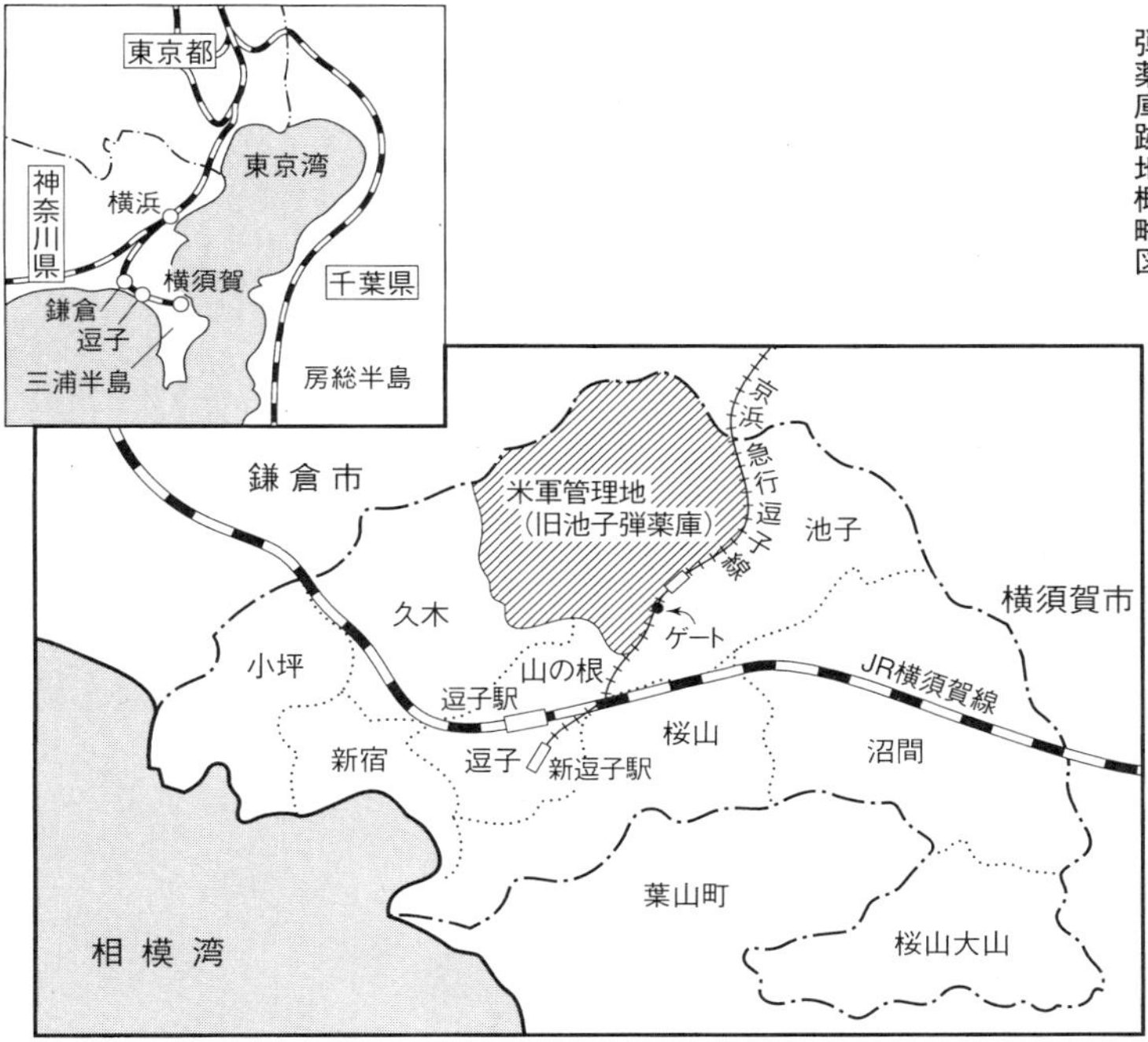

びっくりしたね。〔中略〕ボーリングって聞いただけで、もう何かね工事がね始まっちゃうんじゃないかと、何が建つのだろうっていうことでね。〔中略〕すぐ工事が始まってしまうんではないかと思って慌てた」（八七年面接調査、Aさん）。

この集まりをきっかけに「池子米軍住宅建設に反対して自然と子どもを守る会」（以下「守る会」）が誕生する。

この会は、当初から新しい発想と工夫を大事にする集団であった。たとえば、市内に住む文化人・知識人によるシンクタンク「池子緑作戦本部（Ikego Green Operation Center）」を創設したこと。当時のワインバーガー米国防長官に署名を届けるために三人の主婦が渡米したこと。住宅建設による生態系の破壊を訴え、国内外の自然保護団体に呼びかけて「池子の緑を守る国際シンポジウム」を開催したことなど、新鮮で多彩な活動を展開していった(2)。

とくに重要なのは、「守る会」が八四年二月「逗子市住民投票付託に関する条例」(3)制定を市に直接請求したことである。「自分たちの町のことは自分たちで決める」という理念と、条例を直接請求により制定するという試みは、その後の「住民投票条例」づくりの原型となった。請求署名の数も、有権者数四万三〇〇〇人の三分の一に達するとともに必要数の一六倍を超える一万四〇九九人にも達したのである。

市長が受け入れ表明

ところが翌月の八四年三月、M市長は、一転して市議会全員協議会において、米軍住宅建設計画の条件つき受け入れを表明、口頭で諮問した。市議会は翌四月、市長のこの諮問を受け入れ、強行採決で可決してしまったのである。さらにM市長は、「請求されていた〈住民投票条例案〉は、地方自治の基調である間接民主制による市制運営が妨げられること、現行法のもとで市政は十分に運営できるゆえに、制定の必要性はない」という主旨の意見書を付して、市議会に提出した。市議会でも、請求はしりぞけられ、M市長は、三三項目の条件つきで米軍住宅受け入れを国に通告したのである。問題発生時から重大な関心をもっていたとする神奈川県知事もこのとき、条件つきで受け入れる方針に変更する、と声明したのである。

「守る会」の運動に逆行するこの一連の動きは、市長・市議会議員と、「守る会」の人たちとの間に重大な齟齬が発生したことを物語っている。たしかに市長、市議会は、この町の接収地返還運動に関わってきたが、同時に市政を担うプロフェッショナル意識を強く持っていた。「守る会」の人たちの新しい発想、とりわけ「住民投票条例」の提案と実践は、そうした伝統的な考えで育った市長や市議会議員たちの、プロとしての意地とプライドを深く傷つけたのである。そのことが、この後、市を二分した対立となっていく。

「守る会」はこれを受けてM市長のリコール手続きを開始、九月には一万八六一二人の署名を提出する。それまで反対のたすきをかけて先頭に立っていた市長が、突然、態度を豹変させたことに市民は憤り、それがエネルギーとなって結集したのである。市民たちの意思表示のストレートさは、まさに伝統的な政治手法では懐柔できない新しい層が、この市民運動を担っていたことを意味している。

リコール運動に対抗して、M市長は投票を待たず、辞任して市長選に再出馬する。この手の問題に対するよく知られた戦法である。「守る会」の候補者探しは難航するが、最終的に自分たちの仲間のなかから候補を選び、またその選挙母体「緑と子供を守る市民の会」(以下「市民の会」)を結成して市長選に臨んだ。

八四年一一月、七四・八一%の高投票率のもと「守る会」の事務局長であったT氏が市長に当選した。これまで政治にはまったくといってよいほど無縁の素人が市長となったのである。さらに同時に実施された市議会議員の補欠選挙においても、Aさんが「守る会」から当選した。

反対派の新市長誕生

新市長は、米軍住宅建設阻止を公約に掲げ、防衛施設庁に対して、時に市民の会と一体となって、また独自の判断でさまざまな建設反対の活動を進めていった。建設予定地の代替地案、住宅の分散配置案などを提出し、活発な議論がなされた。

しかし、その一方で八五年四月には住宅建設を条件つきで受け入れる人たちが集まり、「逗子市政の流れを変える市民の会」を結成する。市民のなかで、元市長を支持し伝統的に逗子市政を担い支えてきた層による「条件つき受け入れ派」と、新しく市民運動に参加した層による「建設反対派」との分裂・対立が、いよいよ鮮明になったのである。

両派対立のなか、条件つき受け入れ派は「流れを変える市民の会」を基盤にして、住宅建設促進を県知事に要請、五月には受け入れ派議員により提出された「三三項目の条件の実現促進に関する意見書」が一二対一一で市議会で可決された。これをもって市議会は防衛施設庁に陳情をおこなったのである。

これに先立つ八五年三月、横浜防衛施設局は、建設計画を進めるために、八一年から神奈川県が実施していた「神奈川県環境影響評価（環境アセスメント）条例」に従って、環境影響評価書案を提出し、地元説明会を実施した。

反対派は、五月「池子アセス連絡協議会」を発足、一〇万枚の意見書運動を展開し、日本のみならず海外からも意見書を集め、神奈川県に提出した。住宅建設のための開発によって、池子の貴重な緑が失われ、生態系の破壊につながることを世論に訴えたのである。同時に意見書の検討という膨大な事務処理作業を課すことで時間稼ぎをねらおうというものであったが、横浜防衛施設局は速やかに見解書を県に提出し、この作戦はうまくいかなかった。

受け入れ派対反対派の攻防

反対派は局面の打開をはかるために、八五年一〇月末から市議会リコール請求運動を開始する。これに対して受け入れ派は、一一月、T市長に辞職勧告書を提出し、市長リコール請求運動を開始する。市を二分しての「ダブル・リコール」という事態に突入したのである。翌八六年三月、市議会リコールのみが成立、市長リコールの住民投票は実施されたものの、リコールは不成立に終わる。

この結果を受けて四月に実施された出直し市議会議員選挙において、得票数では、議会解散に成功した建設反対派が一万八〇四八票を獲得し、条件つき受け入れ派の一万四六四三票を押さえて勝利する。しかしながら議席においては反対派（五会派）一二議席、受け入れ派（三会派）一四議席となり議会での主導権を握ることはできなかったのである。五月に受け入れ派議員の死去に伴う次点繰り上げにより反対派が当選し、かろうじて市議会は両派議席同数となった。このことは、反対派、そしてそれと意見を同じくしようとする党派が、調整することなく多くの候補を出し過ぎ、票が分散したことが原因であった。建設反対派が、選挙という制度には素人であることが露呈した結果でもあった。

建設強行へ　両派の対立と市議会の膠着状態は続いた。そのなかで神奈川県知事は八六年二月末、アセスメントの審査書を横浜防衛施設局に送付、造成予定地の約二割強の縮小を求めていた。知事は五月になって逗子市と国へこの調停案を提示した。T市長は調停案を逗子市に持ち帰り、連日地区ごとを内容説明に歩いた。

住宅建設反対派は、逗子の問題は逗子市民が決めるという運動のそもそもの理念に従い、調停案の賛否を住民投票で問うための「住民投票条例」制定の直接請求運動を再び開始する。さらに同じ主旨の「市民投票条例」も直接請求する。しかし、どちらも七月および八月の市議会で否決され、市民の意見を直接問うことができなくなった。

この否決の裏にも重要なできごとがあった。すなわち、上述のとおり議会は建設反対派と条件つき受け入れ派とが同数であったが、このとき、建設反対派のひとりが意見を翻したため、最終的にこの条例を制定することが不可能となったのである。すでにこの頃になると、建設反対派であった議員といえども、建設反対運動それ自体とは一線を画する関係にあったということである。

再度市長選で住民の意思を問う

そのためT市長は、市民の意思を問うための住民投票に代わる手段として、市長職を辞職するとともに、調停案を返上することを掲げて市長選挙に再出馬したのである。条件つき受け入れ派は、M前市長を候補にたてて選挙戦に臨むが、結果は、過去最高の七六・一四%の得票率のもと、前回を上回る約二〇〇〇票差でT氏が再選される。市民はふたたび住宅建設反対の意思を明確にしたのであった。

この結果にもとづいて、T市長は、調停案を県知事に正式に返上、改めて白紙撤回を主張した。一方、国および県との再交渉の道も模索した。

ところで米軍住宅建設は、丘陵地とその緑を少なからず切り取るものであるから、一定の治水工事が前提となる。建設予定地には池子川が流れており、この改修工事が必要とされた。ただし、河川法九五条によると、この池子川のような準用河川の管理は、国の機関委任事務として逗子市長がおこなうことになっていた。しかしながら、防衛施設庁は、逗子市長の許可を得るための河川協議を待たず、八八年三月末には建設準備工事をさらに進めたのである。

八八年一〇月、前年T市長が任期途中で辞職、再選されたことから、公職選挙法により、八四年からの任期満了に伴う選挙がおこなわれた。T市長の白紙撤回の主張に対して、市民の対立の解消、融和を強調する「逗子を愛する市民の会」が新たに生まれ、新人のIさんが出馬する。しかし結果は、やはり

写真　旧池子弾薬庫ゲート前（一九八八年三月撮影）

Tさんが約三〇〇〇票の差をつけて三選された。逗子市民はあくまでも米軍住宅建設に反対であった。

ただこの選挙中に、のちに述べるように「市民の会」のなかで深刻な対立が生まれ、翌八九年には建設反対派は「守る会」と「汎」に分裂してしまう。

ついに着工

市長選挙後、逗子市およびT市長は、建設準備工事が河川法違反の疑いがあるとして、河川管理者である逗子市長の権限による立ち入り調査を要求。繰り返しの要求にもかかわらず、在日米海軍と防衛施設庁は立ち入りを拒否。市と国との対立は極限に達した。

防衛施設庁は、河川協議を必要とする防災用調整池設置と池子川付け替え工事を先送りし、仮設調整池で代替するように設計を変更。これをアセス評価書変更届として神奈川県に提出。県知事も、これを軽微な変更として承認する。

池子の森を守ろう

八九年九月、横浜防衛施設局は本格工事に着手、再び市民が多数、ゲート前に集まった。これを機会に一一月、建設反対派の市民が中心になって「池子の森を守る全国大会」を開催した。参加者は六〇〇〇人にのぼり、当時人気絶頂にあった土井たか子社会党委員長をはじめ、国会議員、各首長らも多数出席した。

翌九〇年三月の市議会議員選挙では、この大会をつうじて得られた関係を大事にして、「市民の会」「守る会」「汎」など建設反対派は周到な選挙準備を重ね、自派の立候補者一五人全員を当選させた。市議会においても建設反対派が過半数を占めることになったのである。まさしく前回の失敗を克服し、「プロ」としての選挙戦をたたかい、勝利を手にしたのである。

市議会で多数派となることで、T市長は九〇年六月、「池子米軍住宅建設に反対し、池子弾薬庫跡地の即時全面返還を求める意見書」および池子関連予算案などを、原案のまま賛成多数で可決成立させることができた。一〇月には市が主催した国際シンポジウム「世界史の転換点と池子問題」を開催する。

運動の長期化にもかかわらず、その後も市長と建設反対派は地道な活動を続けた。アメリカ国内での世論喚起のために『ニューヨーク・タイムズ』紙に全面意見広告を掲載したり、のちに述べるように、逗子市の環境政策に着実な成果を築いていったのである(4)。九二年にT市長は勇退するが、その志を受け継いだ新しいS市長は、この運動の主体であった「主婦」をまさに典型的に体現する人であった。

しかし、その間も米軍住宅建設工事は進み、九四年三月末には一部住宅が完成した。これに伴い、建設反対運動は最終局面を迎え、終息に向かったのであった(5)。

2―新しい社会運動としての「守る会」

逗子の市民運動全体をとおして、T市長という人格が大きな役割を演じていることは間違いない。しかし「守る会」の誕生以来、種々のマスメディアが報じてきたとおり、運動の主役はあくまでも「主婦」たちであった。最初にゲート前に集まった人びとのなかにも主婦が多く混じっていたし、運動組織が全市的に成長していった経緯にも、いわゆる「女縁」が介在した(6)。マスメディアもむしろすすんで主婦たちを取材の対象にしたのである。

この点で、逗子の市民運動は、これまでの既成政党あるいは労働組合が主導する「社会運動」と担い手のうえで大きく異なっている。そういう意味では、池子の市民運動は「新しい社会運動」だったのである。

そのことは、この運動の組織原理にも見ることができる。最初に生まれた「守る会」は、次のようなルールをもっていた。

「守る会」の三原則

「1　池子米軍住宅建設に反対するための会である(目的)。

2　指導者はおかない。すべて週一回の会合で決め、計画は言い出した人が責任をもってやり遂げる。平凡な市民としての発想を大切にしていく(方法)。

3　政治的立場をとらない。人種差別をしない。敵を作らない(立場)。」

この三原則は、その後一二年に及ぶ建設反対運動の性格を最後まで特徴づけた。会の目的を明確に限定した市民運動であること、そのことを強く意識しようとしたことがわかる。運動が持続していくために、自分たち、すなわち「市民」の体質をよく自覚した運動組織だということである。

言い出しっぺ主義、サブ・グループ・システム　とくに二番目の原則は、運動の組織原則であり、「言い出しっぺ主義」と「サブ・グループ・システム」というのが、その具体的手法である。

これにより、「米軍住宅建設に反対する」ことを掲げながらも、「政治的立場をとらない」という、いわゆる反米、反安保闘争とは違った方向に運動を向けて、これまで知られなかった新しいスタイルの運動を進めていくことができたのである。次のような意見から、そうした状況を想像してみることができよう。

「ワイワイ、ガヤガヤやっているうちに、何か方針が決まってね。動き出すというような状況だった。〔中略〕そういう情勢のなかでT氏が非常にその、新しいアイデアをつぎからつぎに出すという、運動方針〔を〕提起することはしていたけども、〔中略〕それ以外に、とくにリーダー格の人がいたわけではないし、組織の上で幹部とそれから一般というような違いがあったわけではなくて、何かワイワイやりながらやっていた。〔中略〕〔たとえば〕ビラを出そうということになると、ビラを作るためにサブ・グループというのを作るんですね。〔中略〕〈こういうことやりましょうよ〉って言い出した人が、中心になってサブ・グループを作るっていう、そういうシステムなんですね」（八七年面接調査、Bさん）。

「言い出しっぺ主義」と「指導者をおかない」という二つのルールが、この会の組織の軸となった。

「守る会」の人たちは、会の内部で生じる軋轢や対立が会全体の危機には至らないような組織を作ろうとしたのである。「政治的立場をとらない」という原則があるかぎり、このふたつのルールは不可欠であった。運動組織であるが、支持政党の違いや、日米安全保障条約について賛成か反対かは問わず、政治的立場を鮮明にしないということ、「イデオロギーについては沈黙する」というイデオロギーを採用したのである。ここに、この運動のもっとも重要な特徴がある。

もちろん具体的な場面では、メンバー同士の意思疎通は、はかり知れないほどの時間を要する。組織運営がそれだけに費やされ、肝心の目標追求が二次的なものとなる可能性もある。だから、「言い出しっぺ方式」が機能するのである。

すなわち、言い出しっぺに賛同する人たちがサブ・グループという別の小集団を作り、そこで提案し議論し、他からの賛同が得られない場合には自分たちだけでプレゼンテーションもおこなってしまうのである(7)。これにより、さまざまな調整に要する時間を分散させて同時に活用することができるのである。

3—「守る会」の成功と挫折

住民投票条例の直接請求

「守る会」の運動は、既成の政治制度を運動の力で変化させることに大きな寄与をした。

その第一は、何といっても「住民投票条例」の直接請求と制定という試みであった。「自分たちの町のことは自分たちで決める」のが、その後の全国各地の住民運動のお手本となった。

「守る会」の基本原則は政治活動はしないということであったが、「市民の会」の創設とそれによる市政への関与、市民自治の実践は、地方議会について、それまでまったく関心のなかった多くの市民たちの関心を呼びおこした。またそれまで大きな変化もなく、既得権益の温存という機能を果たしてきたそれまでの地方議会の議員にも、時代と関心の変化を知らしめるものとなった。

九〇年三月の市議会議員選挙は、その前の市議会議員選挙で失敗を経験した「市民の会」が、徹底的な票割りを実践して、票の効率的な配分をおこない、候補者全員を当選させた。建設反対派が多数となった市議会をバックに、市政とりわけ市長の政策は実効性をあげることができたのである(8)。

もう一つは、本章冒頭のスローガンにあるように、「守る会」の環境ボランティアとしての働きである。「守る会」は発足当初から環境保全、自然保護を国内外の世論に広く訴え、幅広い支援を求めてきた。それと並行して、住宅建設に伴う環境アセスメント実施を国に迫ったのだが、これを通じて、環境アセスメントとは何であり、その制度にはどのような問題があるのかということを多くの市民が熟知することに寄与したのである(9)。アセスメントには建設阻止の力はなく、実際に住宅建設は着工された。が、この間に環境政策をめぐって実に多くの経験を積み上げることによって、その後T市長のもとで種々の実験的考案を生み出すことができたのである。それらは次の通りである。

環境保全の条例づくり

バブル経済のもと土地が高騰しているさなか、土地投機と乱開発を防止するために市民投票を担保にして開発を規制しようとする「逗子市における開発行為等の規制に関する条例」(九一年)、また県の条例では抜け落ちる規模のミニ開発をも視野に入れた「市の良好な都市環境をつくる条例」(九二年)、さらには逗子市内全体を、五〇メートル四方のメッシュ(網目)で区切り、それぞれのメッシュ内の種々の環境情報をデータベースとし、これに基づいて、開発計画を科学的に吟味していく環境政策の実施など。これらは、長い運動の経験を経て初めて可能となったものだった(10)。

「普通の主婦」という自縛

「守る会」の「新しさ」の工夫を生かしていったのは、主役である主婦たちだったが、時間の経過とともに、その工夫も鮮度を落としていったのもまた事実であった。また二回の市長選を経験しプロとしての選挙技法を習得したことは、たしかに政治を動かすことを可能にした反面、運動自体を制度化させていくことにもなったのである。このことは、次に述べる〝普通の主婦〟への自縛と並行して進行していったのである。

市を二分する対立に入り込んできたとき、建設反対運動に大きな影響を与える事件がおこった。八八年の市長選挙のさなか、一部の週刊誌が、T市長と運動メンバーとの「不倫」を報道、このスキャンダル報道への対応をめぐり、建設反対派内で意見が対立し混乱がおこったのだ。この紛糾をだれもうまく収めることができなかったために「守る会」の人間関係はこじれた。ついに翌八九年に一部のメンバーが脱会してグループ「汎」という別の会を結成し、「市民の会」は分裂した(11)。

分裂の最大の原因は、「守る会」の人たちが〝普通の主婦〟というブランドの枠（カテゴリー）に、自らの運動を縛りつけようとしたところにある。分裂後の立場の違う二つの代表的な意見を比べてみると、「主婦の運動」と表現されながらも、それを表看板としつづけることができなくなったこと、つまり運動のなかにあった立場、境遇、趣味の違いを、だんだん意識せざるをえなくなってしまったことを見ることができる。

「池子に対する思いは一緒なんですけど、方法がね、私たちは、普通の主婦でお母さんだから、その生活を守りながら、やれる範囲で運動しようっていう考え方で、〈汎〉の方っていうのは、独身の方が多いんですよね。〔中略〕だけど、あの方たちは、やっぱりちょっと着るもののセンスなんかも、私たちとはちょっと違うのでね、やっぱり結婚なさってなかったり、お子さんがいなかったりっていう意味では、私たちとは、ちょっと違うので」（九一年面接調査、Cさん）。

「主婦が運動できる時間内の運動をしたいと主婦は思うんですよね。だけど、そういうふうだけではないでしょ。そこのところを補う〔主婦以外の〕人がいたわけですよね。そういうふうの入れ子だったわけですね。そういう入れ子の状態は去ったというかね。そういうことが起こったんだなって。そういうふうに〈主婦の〉運動と名づけられたことによって、呪縛されている。意識するしないは別として。〔中略〕みんな集まってガヤガヤやっているのは楽しいんですよ。時間が無制限にあって、だけど主婦はそれができないでしょ」（九一年面接調査、Dさん）。

人間社会につねにある「悪意」はスキャンダルにおいて、その薄汚さを発揮する。作り上げられた〝普通の主婦〟というイメージも、この暗い謀略により、もろくも崩れていったのである。

4―逗子の市民運動が示唆するもの

八九年の「守る会」の分裂後も運動は続いた。しかし、摩擦がある限り、いずれは運動は静止する。

当初掲げられた理念は、しだいに輝きを失い、その時々の多くの期待も、失望に終わっていく。ただし、既成の秩序をくつがえし、市民の声を政治の場に届けるために「守る会」が編み出した新しい工夫やノウハウは、参加した多くの市民の記憶に刻まれ、共通のリソース（資源、財産）となっていったのである。

長年の運動の所産として、かたちのないものではあるが普遍性をもったリソースを、逗子の市民運動は残したのである。そうしたリソースは、けっして過去に沈潜していってしまうものではなく、つねに未来に向かって開かれているはずだ。

注

（1）一九五四年、市制に移行した逗子市議会には「駐留軍接収地返還特別委員会」が設置され、その運動組織として「池子接収地返還促進協議会」が結成された。市内の主要団体のほとんどがこれに参加する。六七年には、「逗子市池子接収地返還促進市民協議会」として再編され、二〇〇〇人の市民を集めた市民大会開催、さらには米大統領への返還協力要請文送付など、さまざまな返還運動を展開していった。

（2）「池子緑作戦本部」創設のねらいは、市内に多く住んでいたいわゆる文化人、有名人がコメントだけをして市民の運動を損なわないように、むしろ文化人たちの知識だけをうまく利用しようというものだった。また主婦たちの渡米により、種々の自然保護団体、たとえば「自然資源防衛会議（Natural Resources Defense Council）」「国際鳥類保護協会（International Council for Bird Preservation）」「国際ツル財団（International Crane Foundation）」「シエラ・クラブ（Sierra Club）」などと国を超えた交流を築いていった。

（3）この条例全文は、たとえば東京都政策報道室調査部・東京都職員研修所調査研究室『住民投票条例集』東京都政策報道室都民の声部調査情報公開課、一九九六年、七一頁以下参照。

（4）その後の歴史についての詳細は、森元孝『逗子の市民運動――池子米軍住宅建設反対運動と民主主義の研究』御茶の水書房、一九九六年、一八頁。

（5）細かい経緯については、森、前掲書、第六章を参照。

（6）これについても、森、前掲書、第二章の精密な調査の分析を参照してほしい。

（7）歴史、アセス、基地、展覧会、バードウォッチング、署名集め、Tシャツ・トレーナー、資料集め、記録の各グループなどがあったという。

（8）森、前掲書、一五七頁以下参照。

（9）森、前掲書、一九九頁以下参照。

（10）メッシュ内の環境情報とは、⑴地形、土壌、表層地質、傾斜などの地勢に関するデータと、植生、鳥類・昆虫の発見状況と魚類の確認状況等、動植物相に関するデータからなる自然環境データ、⑵土地利用、建物密集度、人口などのデータからなる社会環境データ、⑶自動車交通量、浮遊状物質による大気汚染のデータからなる環境負荷データ、さらに⑷身の回りの環境に対する市民の評価と満足度などのデータ、などからなる。森、前掲書、二三六頁以下。

（11）詳しくは、森、前掲書、第三章を参照のこと。なお、この運動自体とそれについての研究の詳細などについては、この書およびそのインターネット上の情報（http://www.waseda.ac.jp/mori-labo/index.html）を参照してほしい。

米軍基地返還運動（62頁）

基地の多い沖縄、神奈川両県を初めとして返還運動は現在も続いている。二〇〇二年現在焦点となっている、沖縄県の**米軍普天間基地**は、宜野湾市の市街地中心部にあるため、長年返還要求されてきた。一九九六年に日米政府間で返還に合意したが、沖縄県と移設先とされた名護市両方が拒否して膠着状況が続いた。全国の基地の七五％を負担している沖縄県にとって、平和の観点から基地縮小は悲願であり、県内移設は認めがたかった。一九九八年、県民投票を支えに政府と対決してきた大田知事が交代したあと状況が変化し、一九九九年末に名護市長が基地受け入れを表明、二〇〇一年末には国・県・名護市の三者が建設で合意した。これに対し、逗子の時と同様、反対派市民との間で緊張が高まっている。

（編集部）

参考文献　『朝日新聞』『日本経済新聞』縮刷版、一九九九年一一月、一二月、二〇〇一年一二月

住民投票（66頁）

逗子の市民運動から一〇年近くをへて、**住民投票運動**は大きな盛り上がりを見せている。日本では住民投票はまだ法的拘束力はないが、住民の意思表示として政治的影響力は大きい。住民投票の法制化を求める市民運動も始まっている。

近年の住民投票の実施例では、一九九六年の**新潟県巻町（原子力発電所）**、**沖縄県（米軍基地縮小）**、一九九七年の**岐阜県御嵩町（産業廃棄物処分場）**、**沖縄県名護市（海上ヘリポート基地）**、二〇〇〇年の**徳島市（吉野川可動堰）**がある。いずれも建設反対の意見が多数を占めた。行政や開発側が公共事業や施設建設を強硬に進めようとして、地元住民の言い分に耳を傾けず、環境破壊や安全性に対する住民の不安を抑え込むやり方に対して、反感や批判が噴き出している。

住民投票は「議会制民主主義を破壊する」との批判もあるが、議会運営が特定勢力に左右されたり、「全体の利益」の名のもとに一部住民に負担が押しつけられてきた経験から、「民意の反映」の仕方について見直しが求められているのである。地方自治にとって住民投票制度を導入する意義は大きい。

（編集部）

参考文献　『環境社会学研究』四号（特集「環境運動とＮＰＯ」）一九九八年／Ｉ・バッジ、杉田敦ほか訳『直接民主政の挑戦』新曜社、二〇〇〇年／今井一『住民投票』岩波新書、二〇〇〇年

社会運動・新しい社会運動（73頁）

「運動」という言葉には、物体が動く物理現象、身体を動かすスポーツという意味以外に、「目的達成のためにいろいろな方面に働きかけて努力すること」という意味がある。社会学でいう「運動」はこの意味で使われており、「生活危機を解決するために（中略）また人びとの回心をはかろうとする、組織的および集合的な活動」（『社会学事典』弘文堂）を「**社会運動**」（social movement）と呼び、研究してきた。このうち環境保全（conservation）などにかかわる運動を「**環境運動**」（environmental movement）（45-46頁）「**エコロジー運動**」（ecological movement）などと呼ぶ。

「社会運動の社会学」にはアメリカのシカゴ学派（スメルサーら）による**集合行動論**、**マルクス主義の社会運動研究**という、おもに二つの流れがあった。一九六〇〜一九七〇年代初頭の先進資本主義諸国でおこった新しいタイプの社会運動に対して、フランスの社会学者トゥレーヌらが「**新しい社会運動論**」を、またそれと並行してアメリカでは「**資源動員論**」（第11章参照）が提起された。

ヨーロッパやアメリカの若者たちはラディカルな政治思想や新しい風俗・文化（**対抗文化** counter culture と呼ぶ）を掲げ、「豊かな社会」にひそむ全般的な「管理社会化」（マルクーゼ）、「生活世界の植民地化」（ハーバーマス）に抗議する「学生叛乱」をおこした。学生運動だけでなく、環境運動（エコロジー運動）、黒人差別撤廃をめざす公民権運動、ベトナム反戦運動、女性解放運動（フェミニズム）のうねりがおこった。

日本においても、大学（学園）紛争、反戦運動、ウーマンリブ運動などが盛り上がり、担い手となった当時の若者層（現在五〇歳代の人たち）は今も「全共闘世代」と呼ばれる。一九八〇年代以降は、固い組織をつくらずグループ同士がゆるやかにつながる「**ネットワーキング**」型の市民運動、反原発運動、消費者／生活者運動にそのスタイルが受け継がれ、〝普通の主婦〟たちが積極的に参加した（第4章参照）。　（編集部）

参考文献　社会運動論研究会編『社会運動論の統合をめざして』成文堂、一九九〇年／似田貝香門・梶田孝道・福岡安則編『リーディングス日本の社会学10　社会運動』東京大学出版会、一九八六年／江原由美子・長谷川公一ほか『ジェンダーの社会学』新曜社、一九八九年

第5章　創造する環境ボランティア

日本の各地で人びとはさまざまなボランティア活動をおこなっており、またNPOを形成している。多様な活動、いろんなアイディアをこの章ではみていくことにしよう。五つの場所からの報告である。

1――琵琶湖博物館の「知識誘出型」住民活動（嘉田由紀子）

琵琶湖畔で水利用の文化を調べる

一九八二（昭和五七）年の夏のことだった。琵琶湖畔のマキノ町知内《ちない》で調査をしていた折のあるできごとが、今から考えると「環境と人びととのかかわりの知識を住民自らがつくり、語り伝える場」の必要性を感じた最初のきっかけだった。それがのちに琵琶湖博物館の構想につながっていった。

マキノ町の上知内は前川という川が集落のなかを流れ、一九五七（昭和三二）年まで川の水が飲み水や生活用水として使われていた。二五年後の一九八二年、その集落の子どもたちに「この川の水はあなたたちのお父さん、お母さんが子どもの頃は飲み水だったんだよ」と言っても「うっそー、汚い」と信じてくれない(1)。生活のなかで欠くことのできない飲み水の歴史ではあるが、日常的であるがゆえに、意外と現場でも伝承されていないものである、と改めて知った。何百年、何千年と連綿と地域ごとに工夫され、伝達されてきた文化のなかでも、「環境とのかかわり」はかたちになりにくい。これを自覚的に知識として、地域生活の現場から〝発掘する〟必要があるだろう、という問題意識を私自身このとき強くもった。というのも「科学的」あるいは「行政的」知識の押しつけという「認識の暴力」が、環境問題の現場を席巻していたからである。

その後、琵琶湖周辺を歩きまわりながら、「水道がはいる前にどんな水を使っていたか、排水はどうしていたか」と尋ねまわると、それぞれの地勢や歴史などによってきわめて多様な水利用の文化があることがわかってきた。また、用排水の文化は、いかに排水を出さないか、あるいは排水中の栄養分(汚れ)をうまく利用する「使いまわし文化」が今でいうリサイクルの思考として実践されていた。

しかし、琵琶湖辺には一九五〇年代には約一六〇〇の集落があった。ひとりでくまなく調べることは不可能だ。万一私がひとりで一生かけて調べたとしても、私個人の知識となるだけで、社会性をもたない。地域文化の豊富な地下水脈は、そこに住む人たち自身が発掘してこそ価値がある。知識の記録化やあらたな知識の創造として価値があるのはもちろん、その知識をもとに、地域固有の判断力も生まれてくるはずだ。「地域社会が自己判断力を失っている」というのが私のもうひとつの問題意識であり、判断力の根拠となる知識こそ、地域で自前につくるべきであるという願いももっていた。

水環境カルテ

そんな問題意識を日常、地域で活動する仲間に話しかけ、一九九三年になってようやく生活用排水調査ははじまった。現代の下水道・浄化槽システムに疑問をもっていた岡田玲子さんはじめ、主婦の人たちが中心になって、結果的には約八〇人の人たちがそれぞれの身近な水利用の歴史を調べるという「コミュニティ水環境カルテ調査」である。六〇〇集落の調査をおこなった結果は、琵琶湖博物館の環境展示室に、市町村別ファイルとして展示されている。また写真と地図のデータベースをつくり、インターネットによる検索ができるようなソフトも開発した(2)。

水の調査をしながら、「最近はホタルがみえなくなってね、魚もいなくなった、魚つかみをする子どもたちの姿もみえない」という声をしきりに聞いた。環境の変化は、単に水質が悪くなった、というような科学者や行政が気にしている指標ではなく、もっと生活にかかわるところで「総体として」認識されている、ということも一九八〇年代に強く感じさせられた(3)。

写真　水環境カルテの調査（滋賀県能登川町レッツの会）

ふりかえってみると、自然科学者は、物事を「対象化」し「還元的に要素に分解」し、それぞれの関係性を「計測・数量化」し、因果関係や相関関係をさぐり、たとえば「窒素やリンが増えたことが富栄養化の原因だ」というような言説をつくり出す。そのようにして出された言説を、行政は「環境基準」や「ガイドライン」として基準化する。琵琶湖が汚れているかどうかは、「COD（化学的酸素要求量）が1ppm以下という環境基準を満たしていないこと」と解釈される。

ホタルダス・雪ダス・風ネットワーク

もっと生活者感覚のなかから、環境変化や環境評価を語れないだろうか。行政や自然科学者が与えてくれる知識に依存するだけでなく、自分たちで暮らしにひそむ知識そのものを誘い出せないだろうか。そこで、琵琶湖の環境変化を気にしていた仲間たちが集まって「水と文化研究会」という会をつくり、まずホタルの調査を、アメダスをもじって「ホタルダス」と名づけてはじめた。つぎに夏がホタルなら、水の源をつくる雪もしらべてみよう、ということで「雪ダス」と名づけ、「蛍雪作戦」になった。一九八九（平成元）年のことだ。そこでの合い言葉は「ひとりのクロウトが一〇〇知るよりも、一〇〇人のシロウトが一ずつ知る」ことが地域づくりの力になる、ということだった。当時ようやく可能となったパソコン通信網「湖《こ》鮎《あゆ》ネット」もつくり、ミニコミ媒体として効果的であることがわかった。

雪ダスを三年間やっている間に、気象情報には風が重要だ、ということがわかり、そこから、風観測ネットワークが生まれた。風ネットワークデータは、一九九八年六月にようやく琵琶湖博物館の展示室に「模擬リアルタイム情報」として公開がはじまった。

一方ホタルダスの「つっこみ型」の人たちは一九九八年まで一〇年間調査をおこない、「ホタルは必ずしもきれいな水の象徴ではない」「ほどほどの汚れが必要」というシロウトサイエンスの〝新知識〟も生まれた(4)。

参加型から知識誘出型へ

環境調査を自らの手で、という調査ボランティアは、潜在的にはどこにでもたくさんいるはずである。しかし、何をどう調べたらいいのかわからない、なぜそのような調査が必要なのか言語化できない、という状況も多いだろう。そのようななかで、いま琵琶湖博物館では、

「参加型」から「知識誘出型」という転換がはじまっている。だれかが呼びかける調査に参加するだけではなく、自分たちが対話的に問題を発見し、調査活動を企画・創造していく。ボランティアという概念の本来の意味での主体性、自主性が発揮できる方法の模索である。

「知識は自分たちで導き誘い出すもの」という〝知識誘出の自分化〟が、入学試験もない、本来的にだれにでも開かれた地域博物館の、知的支援・知識創造活動の柱になってほしいとも、願っている。

注

（1）鳥越皓之・嘉田由紀子編『水と人の環境史――琵琶湖報告書』御茶の水書房、一九八四年。
（2）嘉田由紀子・岡田玲子・小坂育子・荒井紀子・田中敏博「地域住民が調べる水文化の変遷―琵琶湖周辺でのコミュニティ水環境カルテの試み」『環境技術』二八巻一〇号、一九九九年、六九一―六九七頁。
（3）嘉田由紀子『生活世界の環境学』農山漁村文化協会、一九九五年。
（4）水と文化研究会編『みんなでホタルダス――琵琶湖地域のホタルと身近な水環境調査』新曜社、二〇〇〇年。

2―砂浜が「美術館」（菊地　直樹）

高知県・入野の浜に美術館がオープン!?

「私たちの町には美術館がありません。美しい砂浜が美術館です」。こう宣言する「砂浜美術館」は、一九八九年夏（開館式は一九九〇年四月）以降、高知県大方《おおがた》町の四キロメートルにわたる「入野《いりの》の浜」に二四時間、三六五日オープンしていることになっている。しか

写真　Tシャツアート展（高知県大方町、砂浜美術館提供）

しながら、入野の浜には美術館らしい建物は、どこにも見当たらない。砂浜美術館は建っていないのだ。

冒頭にあげたメッセージは「ものの見方を変えると、いろいろな発想がわいてくる。四キロメートルの砂浜を頭のなかで〝美術館〟にすることで、新しい創造力がわいてくる」と続く。砂浜、松原、らっきょう畑、海とが織りなす風景そのものを美術館と名づけ、そのことに「意義」と「主体性」を見いだすことによって新しい価値観を創造しようとする「考え方」、それが砂浜美術館なのである。

自然のなかに作品を見つける砂浜美術館は、考え方だけではなかなか伝わらない。砂浜美術館の考え方を広く具体的に伝える「手段」が、砂浜美術館の特別展示作品と位置づけられる各種のイベント、シーサイド・ギャラリー（Sea Side Gallery）である。そのいくつかを紹介しよう。

(1)Tシャツアート展：雨が降っても、日が照っても、風が吹いても、砂浜でTシャツを二四時間展示する。キャンバスであるTシャツに、全国から応募してきた作品（写真や絵画）をカラーコピーで印刷する。渚に杭を立て、ロープを張り、洗濯物を干すように展示していく。Ｔシャツ一枚一枚も作品だが、砂浜に千枚のＴシャツが並ぶと、そこに一つの大きな「現代美術作品」が完成するというわけである。

(2)漂流物展：「今まで、海に流れ着いた物は〝ゴミ〟としか見ることができなかった。それを『作品』とした」漂流物展。年一回、ヤシの実、缶、ビンといったさまざまな漂流物を展示し、「私たちが何気なく流したものがこうしてどこか遠い島の美しい砂浜を、醜く汚している可能性があります」といったメッセージを外国の生活用品につけたりしている。

(3)松原再生：十万本に及ぶ入野松原の価値に気づく住民は少なかった。けれども、昭和五〇年代からの松食い虫の被害によってその価値に気づき、現在は松の苗を植え、下草を刈り、「入野松原」という大きなアートを、住民の手で再び作り上げる作業が始まっている。

(4)エコ・ツーリズムの展開：ホエールウォッチングや、四万十川での生態系の学習や天日の塩づくり体験などの少人数のツアーを実施している。

「砂美人連」の人たち

砂浜美術館の考え方に基づいた企画を生み出し、実行してきたグループが、「砂《さ》美人連《みつとれん》」である。砂浜美術館の考え方に共感した人たちで組織され、砂浜美術館の「インフォーマル学芸員」という自覚があれば、だれでも加入することができる。入退会自由、会則は持っていない。砂浜美術館の構想を推進するための「核となる民間組織」として位置づけられている。自分たち自身が楽しみながら、ボランティアで活動している。

現在四〇名程が加入しており、メンバーの職業は、農業、自営業者、団体職員、公務員等とさまざまであるが、大方町職員が多くを占めている。大方町で生まれ、育ち、働いている人たちが多いが、町外のメンバーもいれば、砂浜美術館に共鳴して移り住んできた人もいる。男性が圧倒的に多く、女性のメンバーはほとんどいない。

一九八九年頃に三〇歳前後で砂浜美術館の活動を始めた中心的なメンバーは、地元の高校を卒業後、地元に就職した意味で「定住民」といえる。けれども、ここで注目したいのは、大方町で住むこと、生活することを「選択」した「選択的土着民」と自ら名乗っていることである。

ユニークなイベントが注目されがちな砂浜美術館であるが、砂美人連の人たちが説明する際には必ず、「哲学」という言葉が用いられる。「まちづくりの哲学」「人間が生きていくために大切なことを見つける哲学」ととらえているのだ。では、砂浜美術館という考え方は、どのように地域や地域環境をとらえ直すのか、ここでは三点だけ指摘したい。

砂浜美術館の哲学

一つは、「私たちの町には美術館がありません。美しい砂浜が美術館です」という基本コンセプトは、「中央と地方」という序列のイメージを逆転させることである。メンバーは、「コンサートを開く文化ホールがない。美術館がない。博物館がない。そういうことであなたの町の文化度が低いといわれても困る。大方町には東京ドームはありませんが、逆にいえば東京には四キロメートルの砂浜はありません。十万本の松原を東京に作るとしたらいったいいくら必要ですか。ましてやニタリクジラを東京湾に定住させるとしたら、国家予算でもむずかしいんじゃないかと思いますね」と言っている。あえて「つくらない」ことを選択した砂浜美術館の考え方や活動そのものが、オルタナティブ社会のあり方を示すメッセージなのである。

二つめは、砂浜を美術館と見立てることにより、入野の浜を初めとした大方町の自然、文化、生活、歴史などに「気づく」ことである。たとえば、砂浜美術館の考え方では、館長は「沖を泳ぐクジラ」となる。そこに、「鯨を『漁の対象』としなかった大方町では鯨はジャマ者だった。それを見るもの（作品）と考えることで鯨は一躍人気者となった」と地域の歴史が述べられる（なお、大方町では、砂浜美術館の活動が開始された一九八九年に、ホエールウォッチングも始まり、日本を代表するポイントとなっている）。

「自分たちにとって重要なことは何か」と問いかけることは、大方町〝らしさ〟――「私たちの町だからこそできること。ナンバーワンよりオンリーワンへ」――の創造へとつながるのである。

三つめは、「よそ者」の視点である。地域の環境に気づき、地域の個性を創造するためには、「よそ者」の視点が必要なのだ。ここでは論じることはできなかったが、外部の人たちとの出会いが、砂浜美術館という考え方を生み出し、その後もさまざまな分野の外の人たちと積極的につながり、外からのまなざしを取り入れている。

「よそ者」の視点は外部からもたらされるだけではない。「選択的土着民」と名乗る砂美人連の人たち自身、「よそ者」の視点から地域をとらえ直している。それは、「中央」と「地方」、「定住」と「漂泊」という関係性のなかに、自らをつねに位置づけ直す視点といえる(1)。

注

(1) 詳細は以下を参照されたい。菊地直樹「『地域づくり』の装置としてのエコ・ツーリズム―高知県大方町砂浜美術館の実践から」『観光研究』一〇巻二号、一九九九年。

3―都市住民による森林ボランティア（森　太）

全国に広がった森林ボランティア

森林ボランティアとは一言でいえば、都市に住む人たちが休日などを利用して森林に出かけ、そこで森に親しむさまざまな活動をおこなうことである。とりわけ一九八〇年代後半よりめざましい勢いで広がっている。

近年では府県をはじめとした公的機関が森林ボランティアの育成を試みる動きも現れている。『森づくり関連市民グループ、団体、機関および林家リスト（概報）』（森と市民を結ぶネットワーク研究会編、一九九八年）に掲載されている団体数だけでも三五〇を超え、団体の所在地はほぼすべての都道府県にわたる。もはや大都市圏に限られた活動ではない。

森林ボランティアの主な活動内容は、植林・下草刈・枝打ち・除間伐などの森林づくり活動、炭焼き・スモーク料理・リース作り・山菜料理など森林の産物を享受する活動、さらにキャンプ・自然観察会・森林散策など森林の魅力を多くの人に伝える活動などがある。また人工林・雑木林を問わず、都市近郊での活動だけでなく、農山村部へと出向いて活動する例も多い。森林ボランティアによる活動は実に多彩だが、従来の林業とは異なる新たな森林とのかかわり方を模索している点では共通する。ところで現状では都市部の人びとが森林ボランティアの中心なのだが、農山村の人びとは森林ボランティアに対してどのように対応しようとしているのだろうか。

戦後の木材好況期をとおして農山村の人びとはもっぱら林業者として森林にかかわるようになっていった。大規模な人工造林を展開し、林業の現場にチェーンソーや除草剤などを取り入れ、林業の「近代化」を進める。しかしその後訪れた林業不況のために、農山村の人びとは森林にかかわろうとしなくなる。それゆえ自発的に森林で作業する森林ボランティアは、農山村の人びとに驚きと期待、不安をもって迎え入れられている。

兵庫県末広集落と森林ボランティア

兵庫県安富町末広集落は一九九六年度から「ひょうご森の倶楽部」(県の公社が育成している団体)を受け入れている。もっとも末広集落は、当初、森林ボランティアに対して漠然としたイメージしか持ち合わせていなかった。それどころか「森林ボランティア」という名称さえ聞いたことがなかったのである。にもかかわらず末広集落がボランティアの受け入れを決めたのは、H氏らの熱意によるところが大きい。

末広集落に森林ボランティア関連の情報が入ってきたとき、集落で共有林(旧入会林野)の管理を担当していたのがH氏(六四歳男性)だった。末広集落では長期間、少なくとも明治期以降にわたって、共有林管理の一環として集落の人びとによる共同作業をおこなっている。その作業の一切を取り仕切るのがH氏の役割である。しかしH氏は集落の共同作業の先行きに不安を感じていた。林業不況、集落在住の林業者の減少、サラリーマンの増加、山仕事未経験者の増大、集落の人びとによる共有林への関心の低下など、好材料が見当たらないからだ。

H氏は三〇歳頃から枝打専門の林業者となった。枝打技術で表彰されたり県内各地から技術指導を依頼されたりするなかで、森林に関してはいつしか集落内のだれもが一目おく存在となっている。そんなH氏が現状を憂慮し、「とにかく何でもやるだけやってみよう」と森林ボランティアの受け入れを決意する。

写真1　植林に向かうボランティアと地元の人（兵庫県安富町、一九九七年三月一六日撮影）
麻の袋に杉苗をたくさん詰め、山に登っていく様子。左のカメラマンは地元の自治会長さん。集落のミニコミ誌に掲載する写真を撮影している。

森林ボランティア受け入れの準備作業はH氏を中心に数人で進められた。だが、活動が始まると、その数人では対処できない課題がもちあがる。あるボランティアが「地元からもっと大勢出てほしい」と内々に要請してきたのである。そこで森林ボランティアとともにおこなう作業への参加人数の確保がH氏らの課題となった。

H氏らはさっそく「自発的な参加」を集落の人びとに呼びかけるが、実際に応じた人はほとんどいなかった。なぜなら末広集落には多様な職業の人びとが住んでおり、趣味も人それぞれである。必ずしも森林ボランティアに関心をもつ人ばかりではないからである。

地元は陰のボランティア

そこでH氏らの間に、集落における共同作業の一つとして森林ボランティア活動を位置づける案が浮上する。H氏もこの案であれば参加人数を確保できると確信していた。しかしここには二つの問題があった。第一に集落の共同作業は集落の人びとにとって強制的な出役であり、第二に共同作業への出役には金銭的な報酬が伴う。「強制」と「報酬」はいずれもボランティアの理念になじまない。H氏ら

写真2　枝打するボランティア（同、一九九八年七月一四日撮影）
地元の人が作ったはしごを使って枝打をしている。まだナタを使いこなせる腕ではないので、枝打用鋸で一枝ずつていねいに切り落としていく。

は集落における共有林管理のしくみと森林ボランティアとの齟齬に悩みつづける。

そして、結局、共有林管理のしくみを優先させる。その際、通常の共同作業を少しばかり変形させて対応した。たとえば、七〇歳を超える高齢者の出役を歓迎したり、作業時間の短い「ひょうご森の倶楽部」といっしょの活動であっても共同作業への出役と同等とみなした。このようにしてH氏らは参加人数を確保した。

森林ボランティア活動において、都市住民の森林ボランティアが表だとすれば、地元は陰でボランティアを支える裏方である（H氏らは裏方の仕事を「ボランティアのためのボランティア」と言う）。現在の森林ボランティア活動は林家の熱意や地方自治体・森林組合など公的な機関による強力な支援に依存している。だが、森林ボランティアが農山村部で長期的に活動するためには、無理のない受け入れ体制の構築が課題となる。この課題にとって、集落ごとの伝統や慣行など当該地域のしくみに着目することがますます重要になってくるだろう。

4―スポーツレジャー開発される山村（佐藤　利明）

福島県のレジャー開発と環境破壊

福島県の会津盆地に入ると、猪苗代湖の遠景に、いく筋もバリカンで刈ったかのような山肌の会津磐梯山が迫ってくる。この刈り跡はスキー場のゲレンデである。

一九九三年一二月、福島県議会は九対四四の票差で、住民が直接請求した議案を否決した。この議案は、一八万七〇〇〇人の署名でもって「水源保護条例」を制定するよう求めたものである。先に県知事が保護地域設定は「地域における経済的な諸活動に影響を生じる」ので「不適当」との意見書を提出し、県議会もこれを受けて否決したのである。県の開発優先の論理に住民の「水の保全」を叫ぶ声は阻まれた。この住民運動の背景には、福島県の過剰ともいえるスキー場とゴルフ場のレジャー開発の進行があり、そのために「水が汚染される」と住民が危機感を募らせたのである。

福島県のレジャー開発の典型は、リゾート法（一九八七年）指定第一号の「会津フレッシュリゾート構想」（一九八八年）である。会津磐梯山、猪苗代湖を中心に計画総面積一七万七〇〇〇ヘクタール、二市五町一村という広範囲な地域を対象にした開発構想であった。

ところで、磐梯山周辺には年間八〇〇万人の行楽客、一二ヵ所のスキー場には二六〇万人のスキー客が訪れる。裏磐梯地域だけでも四〇〇万人、スキー客は一〇〇万人に達する。膨大な行楽客が車を連ねて来るのであるから、当然ながらさまざまな環境問題や環境破壊をもたらしている。

裏磐梯では湖沼の岸辺が裸地化し、ペンション用地として湖沼が埋め立てられて計七個の沼が消滅した（福島県自然保護協会の調査による）。また、檜原《ひばら》湖などの水の汚染が進んでいるが、その汚染源は、

写真1　猪苗代湖から望む会津磐梯山（福島県郡山市湖南町、一九九六年二月撮影）右側の〝刈り跡〟は「猪苗代スキー場」、左の方にタコの足のように広がるのは「アルツ磐梯スキー場」。

写真2　裏磐梯檜原湖畔のキャンパーたち（福島県北塩原村、一九九五年八月九日撮影）湖の水際まで車を乗り入れ、テントを張っている。岸辺の裸地化が進み、キャンパーはゴミも大量に投棄していく。

行楽客や釣り客が投棄するゴミの他に、合併処理はされるものの民宿、ペンション、ホテル、レストハウスなどからの雑排水もあげられている。

裏磐梯地域での環境保全のとりくみには、①行政対応、②ボランティアによるもの、③住民の地域的な活動、という三形態が見受けられる。

①の県が主導する対策は水質保全にかかわる事業で、裏磐梯地区の下水道整備と農業集落排水事業などである。②には環境庁のパークボランティアや、環境庁のレンジャー（国立公園管理官）を補佐するボランティアの「裏磐梯サブレンジャーの会」会員による清掃活動、福島県自然保護協会による活動がある。③の地域住民による活動では、奥檜原の早稲沢《わせざわ》集落住民による川の清掃活動、檜原漁業協同組合の組合員による檜原湖岸清掃がある。春の清掃では実に四トントラックで一〇台分ほどのゴミが集まる。

「裏磐梯サブレンジャーの会」の活動

「裏磐梯サブレンジャーの会」の窓口は、裏磐梯の環境教育実践の拠点である「五色沼《ごしきぬま》自然教室」に置かれている。一九八三年に発足した「裏磐梯サブレンジャーの会」は会員数が約六〇名で、パークボランティアと協力して自然観察会の運営や美化清掃、公園利用者（行楽客）への指導などをおこなっている。

猪苗代町在住のYさん（三〇歳）は、数年前まで「五色沼自然教室」の臨時職員として自然保護の指導にあたるとともに、「裏磐梯サブレンジャーの会」事務局として活動を担ってきた。自然に関心のあったYさんが裏磐梯のホテルに勤めはじめたのは、裏磐梯が夏型の行楽地からスキー場開設による通年型リゾートに変化しつつあった一九八五年頃である。以来、裏磐梯の写真を撮りつづけ、自然環境の変化を一貫して観察し記録してきた。Yさんは九三年にホテルを辞めて、自然保護指導員となった。

Yさんによると、スキー場の造成は想像以上の自然破壊を引き起こしてきた。工事騒音はいうに及ばず、土砂が湖に流入し、スキー場開業後の深夜のゲレンデ整備の照明や騒音、ゲレンデの音楽、夜間営業の照明などによってクマなどの野生動物は姿を消し、小動物も増加する行楽車両の犠牲となってきた。スノーモービルが樹木を破壊し、釣り人は釣り糸や釣針まで投棄し、密かに放流されたブラックバスの繁殖によって在来の魚が姿を消しつつある。吾妻山稜では登山客の増加から裸地化が進み、池塘《ちとう》が消滅してきていることを指摘する。

Yさんは、ともに自然保護の道を歩んできた妻のAさんと協力しあい、現在は福島県自然保護協会の広報を担当するかたわら、「裏磐梯の自然を考える会」メンバーとしても積極的な活動をおこなっている。自然破壊について語るYさんはあくまで物静かである。しかし、その口調にはYさんの誠実な人柄が表れていると同時に、磐梯山周辺の自然環境の変わりようを見据えてきたナチュラリストの抱く危機感がうかがわれる。「身近な自然の保護や自然保護教育の普及」の必要性をYさんは提案する。

5―妻籠の町並み保存（吉兼　秀夫）

よみがえった宿場町・長野県妻籠

長野県南部に南木曽《なぎそ》町妻籠《つまご》の町並みがある。妻籠は中山道《なかせんどう》の街道にあり、中山道六三次のなかの木曽路一一宿の一つである。妻籠は明治期までは旅籠が三〇軒以上もある宿場町として栄えていたが、鉄道や道路事情の変化により過疎化が進み、昭和三〇年代にはゴーストタウンといえるほどの衰退ぶりを示していた。

写真　妻籠宿の町並み（長野県南木曾町）
妻籠宿の保存運動のなかで最初に保存事業がおこなわれた寺下の町並み。

それとは対照的に、妻籠とともに島崎藤村の小説『夜明け前』の舞台となった隣接の馬籠《まごめ》宿（長野県山口村）は戦後すぐに藤村を記念した藤村記念堂ができ、すでに年間一〇万人以上の観光客でにぎわっていた。

三人のリーダー

妻籠に信州佐久の生まれで妻籠の農業技術員として来村し、妻籠の過疎を解決することを請われて南木曾町の役場職員になっていた小林俊彦氏がいた。妻籠の町並み保存の企画者、火付け役、牽引車などといわれる人である。

かれは農業による再生がむずかしいと考え、当初観光による過疎地妻籠の活性化を模索していた。そのなかで、ぼろぼろながら町並みの残る谷筋の宿場を、中山道とまわりのヒノキの山とひっくるめて「歴史的景観」として残すことの価値に気づき、この遺産を磨き上げて、馬籠に来ている観光客を誘致しようと思いついた(1)。

妻籠は戦後、公民館活動が活発であった。妻籠の人たちは疎開で来ていた文化人たちから多くを学び、演劇研究会をつくっていた。妻籠小学校に赴任した校長の助言（「外に捨てられていた襖に古文書が裏貼りされていた」「こういうものを大切にするべき」といったもの）から、身の回りの遺産を地域の民俗資料と

表　妻籠町並み保存の歩み

1967年夏	長野県の文化財調査委員を担当していた太田博太郎（東大教授・建築史）に小林が脇本陣の調査を依頼し，その場で町並みの保存へ調査協力を依頼。太田は小林の強い要請に渋々調査に同意する。
1967年12月	調査報告「妻籠宿の保存計画」によって長野県の明治百年事業に妻籠保存事業が決定。第一期復原工事がはじまる。
1968年	妻籠観光資料保存会を母体とした町並み保存団体（NPO）「妻籠を愛する会」が発足。
1971年	「売らない，貸さない，壊さない」の三原則をもつ「妻籠住民憲章」制定。これをもとに町並み保存に関する自主規制組織の統制委員会が発足。
1972年	妻籠の町並みが日本建築学会賞受賞。この頃すでに観光客は年間40万人近い。
1975年	文化財保護法改正で町並み保存が対象になる
1976年	南木曽町「妻籠宿保存地区保存条例」を制定。
1976年６月	重要伝統的建造物群保存地区に全国ではじめて選定される。
1983年	町並み保存の財政的基盤を考慮して財団法人「妻籠保存財団」（現在財団法人「妻籠を愛する会」と改名）発足。 その後，本陣復原，歴史資料館を加えた南木曽町博物館を整備するなどして現在に至っている。

して収集する活動がはじまった。

一九六四年、演劇研究会でもあったＰＴＡ等が中心となり、妻籠観光資料保存会が発足した。また、妻籠の中心にある脇本陣（藤村の「初恋」の詩に登場する、藤村の幼なじみおふゆさんの嫁ぎ先）の建物の活用をめぐって、郷土資料館（のちの奥谷郷土館、現南木曽町博物館）とする活動を進めた。これらの活動のなかに岡田昭司氏がいた。生駒屋という旅館のあるじである②。

ここに外からの目をもつ小林と内からの目をもつ岡田というコンビが揃う。中山道と町並み保存、地域の遺産の収集と脇本陣の資料館としての活用という四つのアイディアが合体し、妻籠再生の見取り図ができる。この二人の性格は攻め（小林）と懐柔（岡田）であり、絶妙のコンビであったといえる。妻籠のリーダーたちである（以下敬称略）。

妻籠の町並み保存の経過を年表風にたどって

みたのが、先の表である。

脇本陣の調査をおこなった太田博太郎は以後、現在まで三〇年以上にわたって妻籠を見守りつづけており、高い専門能力を提供する、妻籠宿の最強の環境ボランティアとなった。また、太田が所長をつとめた(財)環境文化研究所は、昭和四〇―六〇年代に全国の町並み保存運動の情報発信等の役割を演じたシンクタンクであるが、研究所が保存事業の見直し調査を担当するなど、多くの専門家が妻籠を訪れボランタリーに支えてきた(3)。

妻籠を愛する会

「妻籠を愛する会」は全戸加入で共同体組織に近いが、住民の精神的な連帯の場となり、町並みに関する最高議決機関となった。現在は財団法人となって財政基盤も整い、町の環境NPOとしての機能を果たしている。

「愛する会」のなかにある統制委員会は、おみやげ物屋の品揃えの内容までもチェックするほどの徹底した統制によって、妻籠の町並み文化(=環境文化)をつくり出してきた。「理」(理想主義)によって「利」(利益主義)の暴走に歯止めをかけたいという町の人たちの願いの表れである。そのことは長い間、妻籠にふさわしくないとして民宿・飲食店でコーヒーをサービスすることが禁止されていたことにも、象徴的に表れている。

町並み保存をおし進めることができた背景には、公民館活動からの「争え、ただし決して怒るべからず」と教えられた「議論の文化」が大きい。かれらを指導した疎開文化人もまた、自覚的ではないがボランティアだったといえよう。

町並み保存運動とは、人間関係の再建事業でもある。太田を含めた三人のボランティア・リーダーと「妻籠を愛する会」が、廃村になりかかっていた妻籠の「環境文化」をつくり出した。バラバラだった住民がこの環境文化を共有するようになり、今では住民の日常生活のいとなみによって町並みが維持されているのである。住民もまた、もっとも重要な環境ボランティアなのである。

環境文化の創造

町並み保存運動とは、古いものを「残したい」人と「変えたい」人のたたかいである。さらに詳しくいうと、地元の「残したい」人と地元の「変えたい」人のたたかい、「壊せ」というよそ者と「護りたい」という地元のたたかい、さらに、「護れ」というよそ者と「開発したい」という地元のたたかいである。妻籠では、外部の支援をえながら住民自身の議論のなかから保存をめぐる結論を見いだす方法で、解決を図ってきたのであった。

最後に、もう一つの環境ボランティアがいる。それは観光客である。観光は環境を破壊する面も多いが、観光客のまなざしは地域住民に対するよいプレッシャーとなる。妻籠を訪れたかれらの喜び驚く姿は地域を映す鏡となり、町並み保存へのエネルギーとなったのである。

注

(1) 小林俊彦氏の関わりについては座談会「地方行政と町並み・まちづくり」『環境文化』五〇号（環境文化研究所）一九八一年三月、一九三―二〇七頁。『妻籠宿の小林俊彦の世界』普請研究会、一九八七年六月参照。

(2) 岡田昭司氏の関わりについては座談会「歴史的環境保全と住民自主」『環境文化』五〇号(環境文化研究所)一九八一年三月、一七一—一八一頁参照。

(3) 妻籠の町並み保存の歩みについては、太田博太郎・小寺武久『妻籠宿 保存・再生の歩み』彰国社、一九八四年、『木曽妻籠宿保存計画の再構築のための妻籠宿見直し調査報告書』南木曾町、一九八九年三月参照。

環境社会学とはどんな学問か

「**環境社会学**」(environmental sociology) は社会学の新しい分野である。

環境問題が身近で深刻なものになるにつれて、さまざまな学問分野で環境研究が進んできたが、環境社会学は「広く環境と社会の関係や、環境問題の発生・その社会的影響・解決の方法を社会学のアプローチによって研究する」学問であるという。

米国では一九七八年にキャットンとダンラップ(Catton & Dunlap) が「環境社会学」を提唱したのが始まりとされている。これまでの社会学は人間中心で社会と文化の無限の進歩を前提とする「人間例外主義パラダイム」(HEP) に依拠していたと批判し、環境社会学がもとづく「**新環境パラダイム**」(NEP) を主張した。人間も生物種の一つにすぎず、社会と文化は有限な自然の制約の下にあることを社会学のパラダイム (思考の枠組み) とするよう提起した。

日本では、一九七〇年代からの公害被害者研究が環境社会学のさきがけとなった。その流れをうけて日本の環境社会学は「**被害者の視点**」「**居住者の視点**」「**生活者の視点**」を打ち出しているといわれる。

さらに、方法論の観点から環境社会学を

①被害構造論 (水俣病、新潟水俣病など、公害における加害—被害のメカニズム)

②受益圏—受苦圏論 (新幹線公害、大規模開発など、被害の分布と分離)

③生活環境主義 (琵琶湖の環境史など、地域の生活者の主体と自己決定)

④社会的ジレンマ論 (ごみ問題など、個人の合理性の背反としての環境問題)

の四つのパラダイムに分類する試みもある。

日本における環境社会学は、飯島伸子編『環境社会学』(有斐閣) において全体像を学ぶことができ、最新の研究動向は、環境社会学会編『環境社会学研究』各号で知ることができる。

(編集部)

参考文献　鳥越皓之『環境社会学』放送大学教育振興会、一九九九年/堀川三郎「戦後日本の社会学的環境問題研究」『環境社会学研究』五号、一九九九年/『環境社会学研究』一号 (特集・環境社会学のパースペクティブ) 一九九五年/同、購読案内文/飯島伸子ほか編『環境社会学の視点』(講座環境社会学一巻) 有斐閣、二〇〇一年

第6章　共生を模索する環境ボランティア

——襟裳岬の自然に生きる地域住民

関　礼子

1——共生という視点

野生動物と共に生きる

北海道、阿寒国立公園の屈斜路湖。雪解けの季節をむかえる頃、湖畔沿いに広がる畑にハクチョウの姿が目立ってくる。秋まき小麦の種をついばむのである。観光用の餌づけで増えたといわれるハクチョウの「食害」に、農家の人びとは閉口してはいるものの、ハクチョウをいちいち追い払ったりはしない。結果として、農家はいわばボランティアとしてハクチョウに小麦（餌）を提供し、ハクチョウと共生しているのである。

もっとも、作物に重大な被害が発生し、農家に危機感が生じるようになったら、この均衡は崩れてしまうかもしれない。よい例がエゾシカである。かつては孤高の動物とされたシカが、群をなして山林・牧草地を荒らしてゆく。農家は増えすぎたシカの「食害」に悲鳴をあげ、北海道はシカの個体数を半減させるという思い切った計画を打ちだした(1)。これに対し、まさに環境ボランティアといえる自然保護団体は、野生生物保護の観点から反対意見を表明した。シカを守るためだけではない。国の天然記念物で、レッドデータブックにも載っている、オオワシを守るためでもある。解体、放置されたシカの死骸をオオワシが食べると、鉛弾の影響でオオワシが中毒死する例が確認されているからだ。そのためにも、駆除ではなしに共生を可能にする知恵を、と主張したのである(2)。

ハクチョウと共生する農家も、シカとの共生を説いた自然保護団体も、ともにボランティア的な側面をもっているが、その行為の目的を自覚しているか否かで性格は大きく異なる。ハクチョウには寛大な農家がシカの駆除を求めることは十分にありうるし、決して矛盾しているとは思わないだろう。「普通の農家の普通の営み」がハクチョウとの共生を可能にする条件だと主張されることはないし、おそらく農家でも自己の「黙認」という行為が共生関係を成立させる要因のひとつとは思っていないだろう。ここでの共生は、目的ではなく結果である。それに対して、自然保護団体は自らの行為に自覚的である。運動を担っている個々の人たちは、それがどのような理念や方法に基づくかは措き、おそらくその地に固有の生態系に著しい影響を与える外来動物でない限りは、どのような野生動物とも共生する途を探ろうとするだろうし、そのような役割期待があることを十分に認知しているだろう。ここでは、共生は結果ではなく目的なのである。では、結果としての共生は、どうしたら目的としての共生に結びつくのだろうか。

ここで具体的な話題に入る前に「共生」という言葉についてひとこと説明しておきたい。綿貫礼子は人間の「生態学的安全」にアプローチするキーワードとして「共生」を考え、「人間の生きる場、すなわち生態系では、生きとし生けるものすべてが『共に生き合って』おり、人間もそのなかに在り、けっして外側に在るのではない。こうした自然と人間の関係性をあらわすのに『共生』ということばが使われる。その用語は、さらに人間と人間との関係性をもあらわし、より広義には『平和』などとともに、その理念に基づく一つの価値として『共生』を捉えることができよう」と述べる。以下に論じるのは、地域のなかでとらえられた共生の具体例であり、綿貫のいう「人間と人間との関係性」まで含めた共生のあり方である(3)。

2―獲得される「共生」の視点：森と海をつなぐ緑化事業

「えりも砂漠」の緑化事業

砂漠にロマンを感じても、砂漠化する土地にロマンを感じる人はいないだろう。砂漠は自然の一形態かもしれないが、砂漠化は人間と自然の共生関係の失敗、つまり好ましからざる状況ととらえられるからではなかろうか。そこに生きる人びとであればなおさらである。

砂漠化を克服してきた営為がある。そこから生まれた実践的な共生の「思想」がある。遠い国の話ではない。北海道えりも町の岬地区（旧幌泉町の襟裳地区）で進められてきた「えりも砂漠」の緑化のことである。

襟裳岬から百人浜にかけての広範な砂漠化は、開拓者の入植とともに始まった。明治・大正時代には、枯木や伐採された後の大きな木の根があったという話から、かつては広葉樹におおわれた原生林だったと推測されている(4)。それが、燃料用の薪のための森林伐採、綿羊の放牧で森林が切り開かれ、イナゴの大発生によって、豊かな森林は不毛の土地に変わったのだという。もともと襟裳岬のあたりは、最大風速一〇メートルを越える日が年間二六〇―二九〇日という強風地帯であった。「ふつうだったら木を伐採しても、また次の年には生えてくるという常識がここでは通用しなかった」のである。

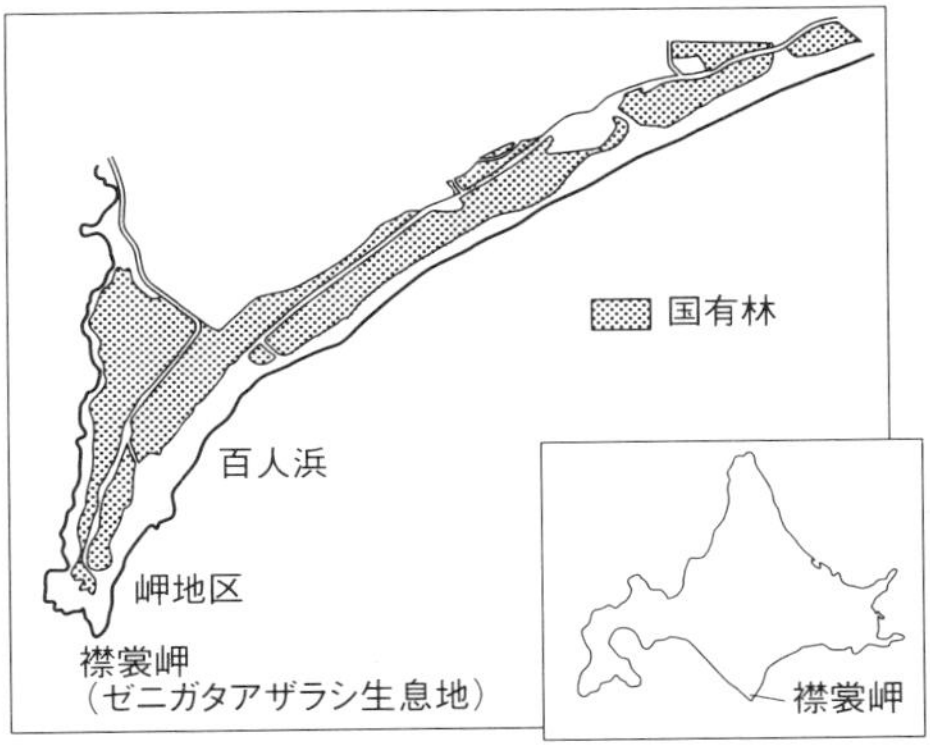

図　えりも町の国有林位置と岬地区

（注）国有林面積約四一七ヘクタール、うち緑化事業地面積は百人浜から襟裳岬にかけての一九二ヘクタールである。一九七〇年までに一九二ヘクタールの草本緑化はほぼ完了し、一九九七年度までに一六三ヘクタールの木本緑化が終了している。

（出典）北海道営林局浦河営林署『えりも岬国有林治山事業の概要』一九九八年

一九五三年に始まった襟裳岬の「はげ山復旧事業」は、浦河営林署（えりも治山事業所）が漁業を営む地域住民を雇用するというかたちで進められた。支払われる日当は、砂漠化の影響で漁業不振が続く住民生活を助けた。だが、漁師が山にかかわったのは、単に現金収入を得るためだけではない。なによりもまず、地域を再建するのが目的だった。西風が吹くと海に赤土が飛び、昆布が根腐れして等級が下がる。魚も寄ってこない。家にまで赤土が舞い込み、食卓の下に膳を据えて食事をするありさまに、「砂を食う民」とまで呼ばれたという。当時の子どもたちの間で多くみられた目の炎症は「襟裳の目ぐされ」といわれ、劣悪な生活環境は嫁不足や後継者不足を引き起こしていた。

岬地区の住民は「地域を捨てるか留まるか」というぎりぎりの状況で、緑化事業に従事し、「地域で暮らしてゆくこと」を選んだ。思いどおりにならない陸の自然に格闘しながら、自らの地域の自然と対話しようと試みた。長い年月を経て「砂漠」に草がはえ、木が根づきはじめた。

森が海と地域を再生した

緑化事業の成果は、まず魚介類や昆布の水揚げ高の伸びと品質の向上、漁業収入の増加になり、次に若年層の定着や嫁不足の解消につながった。森は海を再生し、魚や昆布だけでなく人も呼び戻したのである。緑化事業とは、「森の緑」が漁業にとっての産業基盤であり、住民にとっての生活基盤であることを実感する過程でもあった。

事業は森と海とをつなぎ、岬地区の暮らしをその連関のなかにつなぎとめた。緑化事業四〇周年に発行された小冊子に、次のような文がある。

「人間が自然をよみがえらせた『えりも緑化事業』は『エコロジー』という思想が、まだ社会的に認識されていなかった時代に始まり、その重要性を誰もが意識し始めた時代に成功を宣言した画期的な事業です。しかも、これは人間と環境の新たな関係を模索した先駆的な事業と位置付けられます」(5)。

緑化事業の過程で紡ぎだされた「新たな関係」とは、岬地区の厳しい条件のもとで見いだされた、ローカルな「知」のなかにある。

岬地区の強風では、草を植えても種がつかない。そんな厳しさを実感しながら、戦中・戦後の畑づくりの経験をヒントに、海の雑海草で被覆する「えりも式緑化工法」がとられた。付近の木を次々に植林しては失敗し、クロマツが根づくことを発見した。若い森が生まれた。住民は事業を通して、「この環境」を知ってはじめて自然と最適な関係を結べるということを、経験知として獲得した。営林署（えりも治山事業所）では、「住んでみてはじめて実感する厳しさ、それが自然条件と一体になることだ」と、住民の経験知を信頼する声が聞かれた。住民からも「地元のことを知ってものをいうには、ここに一年か二年は住んでみないとだめだ」と声があがる。

岬地区では、営林署職員＝「よそ者」(6)と地元住民とが経験を共有しながら土地の自然と関係を結び、それが相互の信頼を醸成する源となっている。これが緑化によって獲得された視点である。緑化事業は、事業者である営林署主導ではなく、住民との協働であり、住民は地域の自然を代弁する主体でもある。「よそ者」と地域住民との協働が、「森」という自然を育んできたのだ。

アザラシとの共生

「豊かさを共に生みだしてゆくこと」の実感が、緑化事業のなかで獲得された共生の視点であった。森と海と人と地域とを結んだ実践的な「思想」は、「森づくりはまちづくり」として、岬地区からえりも町全体へと波及した。一九八三年には「えりも岬の緑を守る会」がつくられ、植樹活動がはじめられた。一九九二年には、緑化事業の歩みを「まちの記憶」として語り継いでゆく試みもはじまった。事業の成果は、より多くの人びとに、目的にすべき共生のあり方として受容され、新たな実践を生んでいる。

ところで、緑化は、魚や昆布、地域に人を呼び戻すだけではなかった。漁業に「食害」をもたらすゼニガタアザラシも呼び戻すことになった。生息数では日本一となったえりも町のアザラシを天然記念物に、という自然保護の声が外から沸き上がったのは一九七三年。ちょうど、カモシカなどの天然記念物の個体数増加が問題になった頃だという。この動向は、岬地区の漁師にとって、無関心ではいられないことだった。漁場にはアザラシがおり、アザラシがいるところは漁場である。漁業被害は補償されない。

そのような状況で、アザラシが天然記念物になったら、漁業はどうなるだろうか。保護の声を契機に、緑化を担った漁師は、自然（＝緑）との共生を認識するなかで、新たな自然（＝動物）との共生を模索することになるのである。

3―拡大する視点：アザラシと人間の共生

保護ではなく共生へ

アザラシは生息数が少なく、絶滅の恐れさえある。緊急保護が必要だ。だから天然記念物の指定を、というのが保護運動の当初の方針であった。対して、漁師はアザラシ保護の動向に危機感を抱いた。

アザラシによる漁業被害には「目に見える被害」と「目に見えない被害」がある。漁師は、「網にかかった鮭を食ったり、鮭で遊んだりするなんていうのはいいんだ。これは我慢できるし、しょうがない」としながらも、網にかかった鮭が逃げたり、迂回したりする被害は、被害そのものを把握できないために深刻だと考えた。保護運動は漁業被害をどう考えるのか。「天然記念物」の声に漁師たちは疑問の声をあげた。

この緊張は、「アザラシか暮らしか」、あるいは「外部の論理か地域の論理か」の二者択一にはならなかった。むしろ、さまざまな立場の人びとが、アザラシが存在する自然と、その自然に生きる地域住民との関係を考える契機になった。そこには、自然からアザラシを排除するのではなく、アザラシとともに生きてきた関係性をも自然と認識し、意味づける「逆転の発想」がある。「よそでは漁師がアザラシを絶滅させてきたが、ここでは生き残ってきた。えりもの漁師はアザラシと共存してきたということ

写真　襟裳岬に棲むゼニガタアザラシ（北海道えりも町、えりも町役場提供）
鮭をねらって岬に集まってくる。岩の上で顔をこちらに向けて休んでいるほか、海面から顔を出しているものもみえる。

だ」。

もちろん、漁師たちがアザラシとの共存を意図したから、アザラシが生き残ってきたということではない。被害があまりにひどいときには、感情まかせに棒で追いはらうこともあった。法律上、アザラシを駆除するには何の制約もなく、絶滅させるのは容易だった。しかし、そうはしなかった。ふだんはあまり気にとめずに「適当につきあってきた」。この「適当なつきあい」が、結果としてアザラシとの共生を可能にしたと漁師たちは考えたのである。

「えりもシールクラブ」の試み

結果としての共生＝アザラシを含めた自然を認識することが、アザラシを天然記念物として保護するのではなく、アザラシを含めた自然の回復を求める動き＝目的としての共生へとつながった。一九九〇年、「ゼニガタアザラシと人間の共存共栄のために、どのように考え、行動してゆくのか、えりも町民でじっくり検討していく」ために「えりもシールクラブ」(7)が結成された。被害をうける漁師を中心にして、保護運動を契機にえりも町に移り住んだ「よそ者」、アザラシを観光資源にと期待をよせる地元の観光業者が集まった。漁師のなかには、アザラシが住む岬の海で、緑化を担ってきた人たちも多く含まれる。

漁師がこのような運動をすることについて、会長であり漁師でもあるA・I氏は「かわったことではねぇ。今住んでいるところに絶やさないように、かといってあんまり増えないように、町民にもこんな貴重な生物がいることを知ってもらい、保護をいう人に魚を食われる被害があることを知ってものをいってるか、それを考えてもらえばいい」と述べる。また、アザラシ保護を考えてゆくために移住したS・I氏は、「よそ者」であるが、会の結成について、「自然保護でも何でも、ふつうは東京中心に物事が決まってゆくが、えりもにはえりもの実情があるから、地元中心でやっていこうということになった」と語る。地元と「よそ者」とが紡いできた関係性は、アザラシを含めた「海」への「まなざし」を形成している。

さらに、えりも観光協会が主催する「ゼニガタアザラシウォッチングツアー」は、漁業体験や緑化事業の現場見学などを含めたアザラシウォッチングとして、えりも町住民と都市住民との交流の「場」になってきた。「豊かさを共に生みだす」視点は、都市の人びとへも伝達されているのである。

具体的な「場」を離れた「共生」はない。自然保護団体のような環境ボランティアが描く目的としての共生は、具体的な「場」での実践を伴わなければ、夢物語に終わってしまう。逆に、具体的な「場」のなかの地域住民が、「共生」という視点を自らの目的として獲得することがなければ、そこに自立的・主体的な環境ボランティアは生まれないだろう。

えりも町には多くの環境ボランティアがいる。漁師、営林署職員、アザラシに魅かれる人びと、そこに掛かり合う多くの住民。緑化事業を通して育まれてきた人間関係、そこで獲得されてきた共生の視点は、新たにアザラシとも共生しうるものへと拡大している。えりも町という「場」が取り結ぶさまざまな人間関係を通して、共生という視点が徐々に成熟してきているのである。ここに、地域住民が、環境ボランティアとして自立性・主体性をもって成長してゆく様子を見いだすことができる。

砂漠は森になり、海は魚を呼び、魚はアザラシを増やしてきた。アザラシは、いちだんと豊かな海のしるしでもある。漁師は自ら木を植えることで自然の連鎖を実感しながら、海から資源を獲得するだけではなく、獲得物のロス＝アザラシの「食害」も含めて自然を考えようとしている。えりも町では、漁師もまた自然の一部である。それを知っているから、「よそ者」もまた、アザラシの保護ではなく、アザラシとの共生をともに考えるのだ。

注

（1） 一九九七年の「北海道野生生物保護管理指針」に基づく「道東地域エゾシカ保護管理計画」。一九九八年度から二〇〇〇年度までに、個体数を推定約一二万頭から六万頭まで半減させようという趣旨（北海道環境生活部環境室自然環境課『道東地域エゾシカ保護管理計画』一九九八年）。

（2） なお、こうした見解を受けて、北海道は一九九八年八月に総合的なワシの鉛中毒対策を発表した。また、環境庁も鉛散弾は二〇〇〇年秋から、鉛ライフル弾は北海道で二〇〇一年春から禁止する方針を明らかにしている（一九九九年五月現在）。この対策をもって、自然保護団体がエゾシカの個体数管理の方針に理解を示すか否かは、今後をまたねばならない。

（3） どんな自然保護運動や環境保全運動の目的にも、自然や環境との共生の必要性が含意されている。こでいうのは生態学的な狭義の意味の共生ではない。運動行為者が、自己を含めた生態系の調和と均衡を感じられる状況であり、生態系のなかで責任を持ちうる主体として構想可能な調和と均衡の状況のことである。目的としての共生は、過去に起きた自然環境の問題、あるいは現在進行中の自然環境の問題を省察する、すぐれて社会的な必要である。自然環境に一方的に「寄生」する状況では、環境の質が悪化し、最悪の場合には心身の健康が失われるし、自然とかかわりあう農漁業などの産業は直接的・間接的に打撃をうける。そうした状況に対する批判が、共生という言葉に込められた社会的意味である。

なお本文の引用は綿貫礼子「『生態学的安全』を問う」臼井久和・綿貫礼子編『地球環境と安全保障』有信堂、一九九三年、一八二頁。

（4）『えりも町史』一九七一年、八七三―八七六頁。

（5）えりも岬国有林緑化事業四〇周年記念'98緑と魚のフェスティバル実行委員会『夢は砂漠化しない――えりも岬国有林緑化事業四〇年の歴史』一九九二年。

（6）鬼頭秀一の用語。鬼頭は、自然保護運動のなかで、外から来た人＝「よそ者」が、地域の人びとと「つながって」ゆく過程を重視している。鬼頭秀一『自然保護を問いなおす――環境倫理とネットワーク』ちくま新書、一九九六年、二二八―二三一頁。

（7）『ERIMO SEAL CLUB NEWS』№1、一九九〇年。シールとはアザラシの意味。

共生・生態系（106-107頁）

「**共生**」（symbiosis）は、もとは生物学の概念で、異なる種同士が利害を共有しながら一緒に生活していることをさす。日本ではこの言葉が環境問題・自然保護の文脈で広く使われるようになり、野生生物と人間の共存や、なるべく自然を改変せず人間社会と調和をはかることを「自然と人間の共生」などと表現する。

なお、自然と人間の望ましい関係を追求する思想と運動を、生態学をさすecologyから転用して「**エコロジー**」（48頁、110頁）とカタカナ語で呼ぶことが多い。また、人間を含む生物と環境が一体となって物質循環をおこなっている自然界のしくみを**生態系**、**エコシステム**（ecosystem）と呼ぶ。エコロジーでは「共生」の概念を人間社会内部にもとりいれて、異質な人たち同士の平等・共存・平和が主張されている（107頁）。さらに、エコロジーの文脈だけでなく「男女共生社会」、「多文化共生」などと、望ましい社会を表現する言い方も多くみられる。

レッドデータブック（107頁）

二〇世紀後半から人間による乱獲や生息地の破壊によって、種の絶滅が急速に進んでいる。国際自然保護連合（ＩＵＣＮ）では、絶滅が心配される野生動植物のリストを作り、これを「**レッドデータブック**」として出版し、保護を呼びかけている。「日本のレッドデータブック動物版」も環境庁で作成されている。

森と海をつなぐ（110頁）

宮城県気仙沼湾の牡蠣養殖業の人たちも、**森と海をつなぐ**再生を試みてきた。牡蠣は河口付近で生産されるが、漁民たちは河口の生物を豊かに育んできたのは上流の**森と川**であることに気づいた。川の源流の村を訪ね、一〇年近く植林を続けた結果、川の流域や河口に少しずつ生き物が戻ってきているという。漁民と山村の人たちとの交流が深まり、人の意識が変わり、村おこしや人づくりとして実を結びつつある。

（編集部）

参考文献　長谷川公一『社会学入門――紛争理解をとおして学ぶ社会学』放送大学教育振興会、一九九七年／畠山重篤『森は海の恋人』北斗出版、一九九四年／畠山重篤『リアスの海辺から』文藝春秋、一九九九年／宇井純・根本順吉・山田國広監修『地球環境の事典』三省堂、一九九二年／『現代用語の基礎知識』一九九九年

第7章　日本型の環境保全策を求めて
——白神山地の保全を手がかりに

井上　孝夫

1——貴重な植物群落を守るには

ある浜辺の光景

日本海に沿ったある海岸の浜辺には、その土地の固有の植生を伝える植物群落がいまなお残されている。だがその群落が全国規模でみても希少価値をもっているということは、ごく一部の植物学者のあいだでしか知られていない。そのような事情もあって、植物群落に対する公的な保護の方策もいまだに取られていない。

ところで、よその海岸では消失してしまった植物群落がこの海岸に残されているのはなぜだろうか。海蝕などの影響が少ないという自然的要因のほかに、人間とのかかわりも重要な要因だろう。その浜辺はもともと地元の漁師が地引き網などの漁に使っていた場所である。しかしそれ以外の利用はあまりなかった。砂浜から海に向かって進んで行くと急に深みになって、海水浴には不向きな危険な場所だったからである。これまで、夏の最盛期でもこの海岸には「海の家」が設置されることはなかったし、実際に人影も少ない。

このように考えてみると、人間があまり立ち入らない場所だったということが、群落の保全にはプラスに作用しているといえるだろう。そしてまた、漁業という生産活動と植物群落とは共存の関係が保たれていた、ということもできるはずである。

しかしやがて変化が訪れる。漁師が高齢になって、しかも後継者がいなくなったために、その浜辺は漁業に利用されなくなってしまったのである。これによって、浜辺と人間活動とのあいだのこれまでの関係が消えてしまった。それにもう一つ、この浜辺に隣接する海岸沿いに大きな海浜公園がつくられ、それに併せて自動車道路が整備された。これらのことは、この浜辺に何をもたらしたのだろうか。

ある意味で人間に見放されたとき、別のかたちで浜辺の利用が始まった。ゴミの不法投棄である。現在その浜辺に行ってみると、家庭の粗大ゴミ、自動車、建築廃材などの大型のゴミが目につく。だからその浜辺は地元の人たちにとってみれば、すっかり「ゴミの不法投棄場所」といったイメージになってしまった。

人間は元来怠け者だ。この浜辺に自分の家や建築現場などから歩いてゴミを捨てにくる者はいない。そこまでの労力は使わない。隣接の海浜公園へ道路が整備されたために、自動車を使ってゴミを捨てにくることが可能になったのである。おまけに浜辺はかつてのように漁師によって利用されているわけでもないから、「監視」の目はあまりないし、「どうせだれも使っていないから」という安易な気持ちが不法投棄を助長していることになる。

しかしこのような状況にもかかわらず、この浜辺には依然として植物群落が残されているのである。おそらくこれは、ゴミと植物とのぎりぎりのところでの共存関係ということができるのかもしれない。

この話を聞いて、みなさんは何を思うだろうか。おそらく、一刻も早くゴミの山から植物を守らなければ、と考える人も多いだろう。たしかに理想としてはゴミを片付けて、公的機関による植物群落の保護がはかられるべきなのである。

「利用しつつ保全する」という方法

しかしここでは少し距離を置いて、考えをめぐらせてみたい。たとえば市民が行政機関に対して早急に植物保護の措置を取るように求める自然保護運動を始めたとしよう。行政はそれに対して、いつものとおり初めはあまり積極的な対応は取らない。しかし世論の動きもあるので、ようやく重い腰を上げて一通りの現地調査を実施し、周辺のゴミを片付けて、やっとのことで保護地域に指定する。およそこのような過程を経るのだろうか。

しかしこのことがマスメディアに取り上げられると、さまざまな人が関心をもつようになる。そして現地を訪れる人も多くなるだろう。自動車を使えば簡単に行くことができるのである。多くの人が訪れると、植物群落にも好ましくない影響が出てくるかもしれない。また訪問者のなかには植物のプロもいるかもしれない。ここでプロというのは貴重植物収集のプロのことである。かれらはこっそりと人目につかないように目的の植物をいただいていく。こうなると、せっかくこれから本格的な保護の措置を取ろうとしていた矢先に、肝心の植物群落は根こそぎ盗掘されてしまった、ということになりかねない。

実際のところ、こういう事例は少なからず存在するのである。だから関係者のなかには貴重植物の情報には極力神経を使い、具体的に明らかにしないことも多い。その浜辺をしばしば訪れる植物愛好家も一人で観察するだけで、他人にこのことを話すことはあまりない。かれは浜辺を歩くときは周囲のゴミの山を頭のなかですべて消して、この土地の原風景を想像し、植物群落が生き延びてくれることをただ願っているのみなのである。

ではこの植物群落を今後も残していくためには、どのような方法があるのだろうか。現状では、この浜辺を人があまり訪れることがないということがよい結果をもたらしている、といえるだろう。あそこはゴミの不法投棄場所だ、という認識が一般の人を浜辺から遠ざけているわけである。その意味では、ゴミが一種のカムフラージュ役になっているということもできる。

しかしそのゴミがこれからも増えつづけるとなると、植物群落の存続にとっては悪い影響をもたらすことになるだろう。だからそれを防ぐために適宜片付けをおこなって、今後もゴミが増えることのないようにバランスを取っておく必要がある。要するに、現状を維持していくことを第一に考えてそれなりの対処をしていけば、それが結果として保護につながっていくのではないだろうか。いまよりも好ましい環境にしようなどと考えて行動を起こすと、人の踏み荒らしや盗掘などといった予期せぬ事態が引き起こされる可能性が出てくるわけである。かといってこのまま不法投棄がつづけられていくことも、避けなければならない。ゴミと保護とのぎりぎりのバランスで事をすすめていくのがいわば、「次善」の策として現実的だということになるのではないだろうか。

だがこれは自然保護のあり方としてはかなり変則的なものである。なぜこういうやり方しか考えられないのだろうか。最大の理由は、この浜辺が漁業者に利用されなくなってしまったということにあるのではないだろうか。もし漁業者が利用していれば、かれらが「他人の目」となってゴミの不法投棄もある程度まで防げるし、仮に投棄されたとしても、漁業に悪影響を及ぼすということで、すみやかに回収されただろう。

このことは人が関与することによって、周辺環境も維持されていく、ということを示唆している。つまり「利用しつつ保全する」という自然保護、環境保全の方策がありそうなのである。そして日本列島の自然環境はその多くがこのような人間の関与によって維持されてきたものである。だからその自然とは人間とのかかわりにおいて形成されてきた「二次的自然」と呼んでもよい。

このような関係性は紛れもなく一つの「伝統」であり、日本型の環境保全の方策を考えていくうえでも、重要な示唆を与えてくれることになるだろう。もちろんどのような関与のしかたなのか、ということが問題であるのだが。

2―世界遺産・白神山地の保全

このような「利用しつつ保全する」という環境保全のあり方を、白神山地の事例で考えてみることにしよう。

白神山地をめぐる対立

白神山地は青森県と秋田県の県境に位置し、一万数千ヘクタールのブナ林が広がっている。ブナ林そのものは日本列島で生活するわれわれには身近な樹木であるが、まとまった広がりをもって残されているのがこの白神山地であり、世界的にみても最大規模とされている。そのこともあって、白神山地は一九九三年一二月に屋久島とともにユネスコの世界自然遺産に登録されたが、そこに至るまでには開発と自然保護をめぐる激しい対立があった(1)。そして広域保全が決定して世界遺産へ登録されたのちの現在でも、その保全のあり方をめぐって依然として対立がつづいている(2)。

現在の対立点を一言でいえば、このブナ林の核心地域(3)として設定された一万ヘクタールの部分を

写真　白神山地のブナ林（秋田県粕毛《かすげ》川源流、一九九二年撮影）

どのように取り扱うのか、といったところにある。この点をめぐって、これまで共に自然保護運動をつづけてきた人びとのあいだに意見の対立が起こった。一方の側は、自然を守るためには入山禁止か条件づきの入山にすべきだと主張し、もう一方の側は、規制は好ましくないとして、従来どおりの自由な入山を主張している。

両者の対立はよくよく考えてみれば何らかの妥協点もありそうなのだが、その一方で、対立の根底には自然観や人間観の相違があるようにもみえてくる。入山規制派は、白神山地のブナ林を「原生林」として位置づけ、人間による利用は生態系の保全にとって邪魔になるのではないかと懸念している。それに対して自由入山派は、白神山地は人間とのかかわりのなかで残されてきた森林であり、自由な入山と生態系の保全とは十分に両立すると考えている。

実態としては白神山地のブナ林は人間に利用されてきた森であり、厳密な意味での「原生林」というわけではない。核心地域のなかには、手掘りの鉱山跡や薪炭用に手鋸で伐採してその後に再生した森林もあるし、もちろんそういった利用を可能にした歩道の跡（踏跡）も確認されている。さらに山菜やキノコの採取、狩猟、魚釣りなどは近年までつづいていた。要するに、林道という自動車道路をつくって機械力を駆使した伐採事業をおこなわなければ、人間の利用と森林の保全とはかなりの程度まで両立できることをこの白神山地は示しているのである。しかし世界遺産に登録されたことをきっかけにして、これまでの伝統的な利用をあえて否定するようなかたちで、人間の立ち入りに制限を加えた方がよいとする考えが次第に勢力を増していくことになった。

白神山地の場合でも、「保全しつつ利用する」とか「利用することによって保全がはかられる」といった日本の伝統的な自然保護のあり方が十分に実行可能であると思われる。

保全と利用の考え方

しかしそのことに必ずしも目が向かないのは、「世界遺産」の名に便乗して周辺地域で観光開発が盛んにおこなわれ、登山者や観光客が増えていることと関係がある。入山規制を唱える人たちはこの周辺地域の動向をみて、自由入山にすれば核心地域にも入山者が増えて、そこに残されたもっとも良好な生態系が壊されてしまうのではないか、と心配しているのである。

問題はまさしくこの点にある、といえるだろう。つまり入山禁止、入山規制、自由入山といった一次元的な尺度で並べた選択肢ではなくて、周辺地域で観光化がすすめられても、なおかつ核心地域を良好に保つための方策を考えるということが重要なのである。それは禁止とか規制といった人間の行動を直接的に統制することではない。「起こりうる」と考えられている「過剰な入山」を可能にするであろう条件を変えていく、ということである。つまり行動の条件を変えて、結果として入山数を抑制する方法である。このことは、伝統的な利用を存続させていた条件を考える、ということでもあるだろう。

では、過剰な入山を可能にする条件とはいったい何か。答えはいくつか考えられるが、もっとも大きな条件は、自動車を利用して核心地域まで比較的容易に人間が入れることだろう。だからそれを抑制するためには入山までのアプローチを長く取る、ということである。林業を目的につくられた林道は一般車両を通行止めにすればいいし、観光的な利用がおこなわれている林道についても、それを利用しての入山は一日限りとするなどして、核心地域への入山はかなりの程度まで抑制することができるはずである。そしてこれは伝統的な利用ともまったく矛盾することはないはずだろう。林道や自動車道路がつくられる以前には、人間はみんな歩いて入山していたのだから(4)。

入山をめぐる混乱

白神山地の入山をめぐる混乱の一つは、山菜採取や狩猟などの伝統的な利用と、登山などの入山行為とが一括して論じられていた点にある。

地元の人たちの伝統的な利用は、国有林の管理主体である林野庁（白神山地の場合はその出先機関である営林局）から承認されている確固とした権利である。その権利は一定の条件のもとで、特定の団体や個人に認められているものであって、不特定多数の人たちに認められているものではない。それに対して、登山というのはいわばこうした権利以前の問題であり、不特定多数に認められているものである。

だから地元の人たちの入山に関しては、国有林の管理主体である営林局と権利の当事者たちとのあいだの対等な話し合いで決めるべきことである。その結果、世界遺産に登録されたのを機にこれまでの権利は放棄するといった選択があってもいいし、また従来どおり生態系の回復範囲内での利用はつづけていく、という選択があっても一向にかまわないことなのである。しかし現実には営林局は何やら高圧的な態度で権利の放棄を迫ったのであり、このあたりに国民共通の財産である国有林の管理者としての行き過ぎた態度が見受けられる。

また不特定多数の人たちの入山に関していえば、登山が禁止できるのは危険な場所だからとか、貴重な動植物の生息場所だからとか、それなりの理由がある場合であって、むやみやたらに「登山は禁止」といえるものではない。

しかしこの両者はきちんと区別されて論じられてはいない。前者を「権利の返上」というかたちで事実上の禁止にできたからといって後者も禁止できるわけではないのに、秋田県側ではそのような措置が取られている。また青森県側で、登山などの利用を可能にするために、地元に住む特定の住民の山菜採取の権利などを防波堤のようにして主張するのも、かえって話が混乱してくるわけである。

だがそれにしても、営林局の態度には問題がある。これまで「林業と自然保護とは両立する」といって開発を正当化してきたのに、白神山地の保全が決まるや一転して「いまの自然を残すには人間による利用を極力排除する」などといい始めて、混乱の原因をつくったのである。そこには人間の視点がないし、「利用しつつ保全する」という視点ももちろんない。

人間がかかわり自然を守る

本当に保全のことを考えているのならば、利用してくれる人がいるのはむしろありがたいことなのではないか。ブナ林を頂点とする森林生態系を守るために、四六時中監視しているわけにはいかない。むしろ山をよく知る特定の団体や個人に「保全を前提とした利用」の枠内での山菜採取や狩猟などの権利を認め、同時にかれらには周辺環境に対する配慮や観察の目を行き届かせてもらう。不特定多数の登山者は警察署に入山届を出すことは前提としても、基本的には自己の登山計画に沿って自由に入山し、「利用しつつ保全する」ことによって守られる自然環境を享受することができる。このように特定の団体や個人と不特定多数の人たちとが利用することによって、両者が相互に接触しつつ自然環境を守っていく方法があるはずなのである。

一言でいえば、人間が密にかかわっていくことが何よりも大事なことなのである。だれもが自然から排除されるとき、だれかがこっそりとそこに忍び込んでいって自然は荒らされてしまうのだ。国有林の場合でも、林野庁が住民や登山者を排除し、その独占的利用をつづけることによって、奥地にまで過剰な伐採がすすみ、森林の再生がむずかしい状況になっている。第三者の監視の目が日常的にあれば、山荒らしの惨状はもっと早く防ぐことができたはずなのである。ともかくだれかにゆだねるのではなくて、利害を異にする多様な人たちがかかわり合いながら、お互いの抑制と均衡をつうじて、いまある自然を守っていくことを考えていく必要がある。

3―「利用しつつ保全する」ことの普遍性

自然環境との共生

なぜ自然環境を守らなければならないのか、という問いに対しては実感のこもった回答が必要である。白神山地を管轄する営林局がいうように「いまある自然を後世に伝えていくために人間は排除した方がいい」というのでは、これまで述べてきたことに照らしてどうもピンとこない。「美しい自然を子孫のために残そう」では抽象的すぎて説得力に乏しい。いまを生きるわれわれはどうなるのか、と反論されてしまいそうである。かといって「手つかずの自然のなかには未知の資源が残っているかもしれないから、研究用にとっておく必要がある。そのためにも人間の立ち入りは制限した方がいい」というのは、研究者の利害が露骨に出過ぎていて、多くの人たちから共感を得ることはむずかしい。

一番わかりやすいのは、「生活の糧を得るための母体としての森林は残しておいてもらわないと困る」といった山菜採取者の主張であり、また「いまある自然をそのまま享受したいから自然保護が必要なのだ」という登山者の言い分である。そしてこのような利用への意欲が強ければ、それだけ自然保護の意識が強くなっていくのはむしろ当然のことであるだろう。これまで述べてきた「利用しつつ保全する」方法はこのような意識によって支えられている。そしてこれこそが紛れもない「人間と自然との共生」ということなのである。つまり「利用しつつ保全する」というのは実は、「利用したいから保全する」ことなのであり、また「保全することによってはじめて利用できる」ということなのである。その意味でこの方法は、「相手（自然環境）を生かすことで自分（人間）も生きる」という自然と人間とのかかわりに関する普遍的な性格をもっていると考えられる(5)。

だがそれに加えて、この方法の普遍性については、理論的にも示すことができるのではないかと思われる。

「みんなのもの」を守る論理

よく自然環境は「みんなのもの」といわれる。ある場合にはもう少し強く、「みんなの共有財産」といわれることもある。しかしそれは一つの美しい理想ではないかと思われる。これと似ているのが、「資本主義とは生産手段が資本家によって私有されている。それに対して社会主義とは生産手段が全人民に所有されている」という決まり文句である。

前者は一応よいとしても、後者の「全人民的所有」というのはわけがわからない。だいたい所有というのはある物がある人（人たち）に帰属し、それ以外の人（人たち）には帰属しないことを表現するものである。しかし全人民的所有というのでは排除される人がいないのだから、この区別がなくなってしまう。その意味で、全人民的所有という事態はもはや所有という観点からは割り切ることのできないような事態なのである。おそらく全人民的所有というのは一つの理想ではあるのだろうが、そのような理想が実際には一部の官僚や専門家の独占を招いた現実はしっかりと記憶にとどめておくべきことである。

同じことは自然環境についてもいえるのである。たしかに環境は「みんなのもの」である。環境というのは排他性がないからである。しかしこの「みんなのもの」というのは実のところ、「特定のだれかのものではない」という意味において、「だれのものでもない」のである。だから環境に何かあっても、特定のだれかがむやみに手を出すことはできない。それでは困る、ということで、「みんな」に似せたものをつくって管理させることになる。それがたとえば「国」のような公的機関である。ここで国は全体の利益を代表し、特定の人たちの利害で動くものではない。国はあくまでも個々人を超越したところにある「全体」（みんな）を代表して、自然環境を守る役割を負っているのである（ちなみに、公務員は特定の人間への奉仕者ではなく、全体の奉仕者ということになっている）。こうして「公物」としての自然環境という位置づけが得られることになる。

さてその場合、公物を公物として維持、管理していくだけでは、必ずしも全体の利益を促進することにはならない。全体の利益を損なわず、むしろ別なかたちで全体の利益を増進させるような利用のしかたは可能である。たとえば、海というのは公物である。そのような場所に特定の人たちに限って漁業を認める、という公物の利用のしかたは現に存在している。もちろんそこには資源の保全に関してさまざまな取り決めがあって、そうした条件が満たされる限りにおいてその権利は認められているわけである。そして実際にも、漁業をつづけていくということで海が守られている、という側面がたしかに存在する。こうしたしくみをつくることによって、漁業に差し障りの出るような汚染があれば、漁業を守るために早急に汚染を食い止めなければならない、という実感が伴ってくるのである。そして漁業者以外の人たちも、このようなしくみによって支えられている海洋保全の結果として、さまざまな恩恵を享受することができる、というわけである。

このように、公物を公物として管理していく、というのは基本ではあるけれども、「利用しつつ保全する」という方法は公物のなかにも設定することができるし、それがより好ましい結果をもたらすことは十分に考えられることなのである。ただしその場合は、利用者を限定し、利用方法も保全的利用を可能にするように技術上の取り決めをしておかなければ、「過剰利用による資源の枯渇」につながるおそれが出てしまう(6)。

4──環境保全型の発展に向けて

ここでは日本の自然環境の特質を、人間とのかかわりによって形成されてきたものととらえ、「利用しつつ保全する」ことに日本型の環境保全策の基本理念をみてきた。この基本理念は、自然環境を公物として明確に位置づけ、それを国などの公的機関の管理にゆだねつつ、その公物のなかに特定の団体や個人の利用を認め、それによって不特定多数の人たちに利益をもたらすようなしくみとして、現実に具体化することができるだろう。この場合、とくに重要なことは次のような点である。

まず、国などの公的機関は経済的な利害を遮断して、あくまでも全体の利益を確保するために、いわば「審判役」に徹しなければならない。公的機関に対して、現実には目先の経済的利益を追求しようとする主体からさまざまな圧力がかけられるおそれもあるのだが、公的機関はそれを断ち切って、長期的な展望に立った公物管理を実行していかなければならないのである。

このことを公物を利用する特定の主体の側からいうと、公物を損なうことなく維持していくために、「生態系の回復範囲内」に合わせた利用をしなければならず、そこには当然、利用に関する社会的な規制が加わる、ということである。

そしてそれ以外の、公物という共通財産の真の「所有者」ともいうべき国民は公物が適正に利用されているのかどうかを監視していく役割を負っている。ただし実際には、その役割は国民全体の利益を代表する「環境ＮＰＯ」が担うことになるだろう。

このように「みんなのもの」としての環境は、管理主体としての公的機関、特定の利用主体、そして国民のなかの不特定多数の利用主体（あるいはそのような主体を代表する環境ＮＰＯ）という三者の力関係の均衡によって適正に保全されていくわけで、そこに「環境保全型の発展」の社会的な基礎づけを求めることができるはずである。

注

（1）その経緯については、井上孝夫『白神山地と青秋林道——地域開発と環境保全の社会学』東信堂、一九九六年、を参照。

(2) その詳しい経緯については、井上孝夫『白神山地の入山規制を考える』緑風出版、一九九七年、のなかで検討している。

(3) 白神山地の世界遺産登録地域は、核心地域と緩衝地域とに地帯区分されている。核心地域は、基本的に「人手を加えずに自然の推移に委ねる」地域という扱いである。また緩衝地域は、核心地域への影響を防ぐために現状保存をはかる地域で、自然観察、レクリエーションなどでの利用ができる、とされている。

(4) 青森県側についてみると、白神山地の北側を横断する県道「弘前・西目屋・岩崎線」(旧弘西林道)は「白神ライン」と命名されて、山岳観光道路化がすすんでいる。「過剰利用」を防止する観点からいえば、一定期間における大型車両などの通行規制が必要である。ただし、この「白神ライン」の途中から分岐して赤石川の上流へとすすむ奥赤石(川)林道はすでに一般車両の通行は禁止されており、環境保全にとっては一定の成果をあげている。

(5) これが「共生」の本来の意味である。この場合、人間が利用することで自然破壊を防いでいるという点では、自然の側も利益を得ている、と考えておくことにしたい。

(6) このメカニズムを単純明快に指摘したのが、G・ハーディン、松井巻之助訳「共有地の悲劇」『地球に生きる倫理』佑学社、一九七五年所収、である。

共有地の悲劇（132頁）

ハーディンの「**共有地の悲劇**」（「コモンズの悲劇」ともいう）には、「**牧人のジレンマ**」としてよく引用される比喩があげられている。

ある放牧地で牛飼いたちが一頭ずつ牛を放牧していたとする。そのうちの誰かが牛を増やして、利益を増やそうと考えた。そうするとほかの牛飼いたちも同様に牛の数を増やそうとし、その結果牧場の草が足りなくなって、すべての牛がやせ細ってしまった。結局一頭飼っても、数頭飼っても、牛飼いたちは以前より利益が減る結果となった、というものである。

この比喩に基づいて「過剰利用による資源の枯渇」のメカニズムを考えてみる（ここでは社会的ジレンマ論には立ち入らない）。牛飼いが牛の数を自由に増やしてよいという条件のもとでは、全員が不利益をこうむる結果を避けられない。自然の利用だけでなく、地域の迷惑行害、ごみ問題、乱開発など環境問題全般において、個人の合理的な選択（自己の利益を増やす）が全体の不利益（自然破壊、生活環境の悪化）をもたらす場合、一つは個人の選択を制限する約束事（ルール）をつくり、全員でそれを守る方策が考えられる（直接的規制）。国際条約から地域のごみ出しルールにいたるまで、さまざまなルールづくりがおこなわれている。この方法は、ルールの維持・遵守や違反者（**フリーライダー**、ただ乗り）の監視がたいへんな仕事になる。

もう一つの方策は、個人の選択をとりまく条件を操作して変えることにより、全体の利益を損なう行為を減らしていくやり方であろう（間接的規制）。この方法は一律には決められず困難がともなうが、その地域固有の伝統・慣習にも学んで知恵と工夫をだしあい、地域の同意を得て慎重に実行していくことが求められる（「利用しつつ保全する」など）。

本書の各章でみてきたように、この「ルールづくり・維持・監視」「知恵と工夫をだしあい、実行する」の部分の作業、すなわち「**公共的**」（public）役割を政府・自治体任せにせず、「ボランタリーセクター」（22頁）「**非営利セクター**」（6頁）が担いはじめている。（編集部）

参考文献　井上孝夫「「社会的ジレンマとしての環境問題」の批判的検討」『環境社会学研究』一号、一九九五年／鳥越皓之『環境社会学』放送大学教育振興会、一九九九年／田中尚輝『ボランティアの時代』岩波書店、一九九八年

第8章　環境ボランティアの主体性・自立性とは何か

——日本の環境ボランティアがおかれている立場から

井上　治子

1——国際青年環境スピーカーズツアー

「日本の青年は行動しない」？

一九九三年三月、青年（原則として三〇歳以下）による環境ボランティア団体である「ア・シード・ジャパン」の主催により、『国際青年環境スピーカーズツアー』および『国際青年環境開発会議』がおこなわれた(1)。この活動は、マレーシア、香港、オーストラリア、アメリカ、オランダ、スウェーデンなど、アジア、オセアニア、アメリカ、ヨーロッパ地域二六ヵ国の青年環境ボランティアが、互いの活動を紹介しあい、先進的な地域の活動に学ぶことを目的としていた。

日本に招かれた各国の環境ボランティア（スピーカー）たちはグループに分かれ、日本各地を現地ボランティアの案内で見てまわり、関係者らと意見を交換した。弘前地区は白神山地の問題、松本地区は女鳥羽川整備計画問題を紹介し、関西地区は美浜原発などを、鹿児島地区はチッソ工場などを取り上げて案内した。

当時私は「名古屋大学ながら川自主ゼミ」という団体に属し、長良川河口堰建設反対運動に参加していたことから、名古屋でスピーカーズツアーに参加した。現地ツアーで私たちは海外のスピーカーたちを長良川の河口に案内した。

情報認識と行動とのずれ

岸には芦が生い茂り、広くのんびりと横たわる長良川の河口に、唐突に姿を現すピカピカ新品の巨大な最新式可動堰を見ながら、なぜ河口堰を建設しなければならなかったのか、水需要予測の点からも、環境に対する影響の評価の点からも納得がいかないことを説明した。ついで私たちの団体についての彼らの質問に、会員は数十人程度、つねに活動しているのは数人であると答えた。

これに対して彼らは、会員数が少なすぎると思ったらしく、「問題がよく知られていないからではないか。問題を知らせることが重要なのではないか」と感想を述べた。しかし、私たちは随時学内でビラ配りをしていたほか、学食のテーブルの上に定期的に河口堰問題の情報ボードを立てるなどの活動をして、それなりの努力はしていたのである。

また当時、名古屋市内のいくつかの大学で学生や教職員を対象としたアンケートをおこなった結果、意外にも、長良川河口堰問題についての情報認識と具体的な行動とは相関しないという結果が出ていた(2)。

環境問題の深刻さからいっても、メディアによる環境問題の報道量からいっても、欧米の国々と変わらないように見える日本において、なぜ学生たちが活発に活動をおこなわないのか、海外のスピーカーたちには不思議だったようだ。本章ではスピーカーズツアーで海外の参加者たちに「日本の青年は行動しない」といわれたことから考察を始めたい。

2—環境ボランティアの主体性とは

短発的ボランティアと長期的ボランティア

最初に確認しておかなければならないことは、日本人あるいは日本の青年はほんとうに行動しないのか、という点である。上で述べたような状況は過去のものであって、阪神・淡路大震災の被災地にたくさんの青年たちが駆けつけて以来、今では気軽にボランティア活動をおこなう人が多くなったようにも思われる(3)。

このことに関連して、「ア・シード・ジャパン」から独立したリーダーシップ養成のための団体「POWER〜市民の力〜」(4)の職員であり、以前は大学生協で活動していた岡田さんは、「環境問題に関するイベントをおこなうと多くの人が参加し関心をもってくれるが、その後に継続的に活動をおこなうことは非常に難しい」という感想をもっている（一九九九年一月）。そうすると状況は震災前に比べてさほど変化していないということになる。これはどういうことだろうか。

まず、阪神大震災のとき、たくさんの青年たちがボランティアとして駆けつけたといわれていることについて、少し考えてみる必要がありそうだ。

ボランティア活動には、短発的な作業や短期の支援でその効果が眼にみえてあがる部分と、長期にわたって活動しなければならない部分とがある。環境ボランティアの活動領域は後者であることが多い。継続的にボランティアとして行動することは、短期的なそれよりハードルが高いから、結果的に環境ボランティアとして行動する人は想像ほどは増えてはいない、ということがあるかもしれない。

現実の壁と変身の必要性

改めて考えておかなければならないのは、「ボランティアとして行動する」とは、実際にはどのようなことか、という点である。

行動する人の側に立って考えてみると、第一に、家庭・学業・職業の合間を縫って、時間やお金や体力をやりくりして、実行される行動である。通常、時間やお金は余ったりしないから、何か別のものを削ってボランティアに当てるのである。

現在日本において、一般論として環境問題解決の重要性に異を唱える人はまずいない。だから私たちは、環境問題の解決のために具体的な活動をしようとするとき、たとえば行政に対する働きかけにせよ、周辺地域の清掃活動にせよ、きちんと説明すれば周囲の賛同を得られるだろう、と考える。しかしいざ行動をおこしてみると、趣旨には理解を示してくれるのに、実際には人はなかなか動いてくれないことにすぐに気づかされる。あるいは、たとえば署名を集める際に、周囲の反応の中に、署名することそれ自体に対する思わぬ抵抗感を見い出したり、自分自身が気後れしたりすることに気づく。

そして第二に、新しいことを始めるのだから、何がしかの摩擦が生じるのが普通である。自分が、何かしら周りから浮いているようにみえる。「何もそこまで頑張らなくても」と冷めた目で見られているような気がしてくる。周囲に協力を求める場合だけでなく、自分一人で行動しようとする場合すら暖かく応援されるとは限らない。ボランティア活動をおこなう分時間や労力が割かれるわけだから、仕事や家事をシェアしている職場の人たちや家族から反対される場合もある。

第三にボランティアが「自発的に」おこなわれる活動ということについて、誤解がある。ボランティアは気が向いたときに気が向いた範囲で、したがって自分の好みで気楽におこなえる活動だ、というものである。これはボランティアに参加する際、それほど構える必要はない、ということを言いたいために、勧誘する側がよく使う表現でもある。

しかし、実際に何かしらの目的をもってボランティア活動がおこなわれるとき、そんなに気楽であることはありえない。ボランティアは他者のためにおこなうものであるからこそ、いったん始めてしまったら簡単にやめるわけにはいかない。継続に関する「責任」や「義務」、その責任を全うするための自己管理能力が求められるのである。ボランティアが恵まれたひとの気まぐれなお遊びでありえないことは明らかであろう。

以上に述べたように、行動をおこすことにはコストがかかり、周囲との摩擦や相手への責任が伴う。したがって実際に行動に移るには、それまでの自分とは違う、かなり思い切った覚悟なり変身が必要となる。その変身こそ、ここでテーマとなっている「ボランティアの主体性の獲得」である。

ボランティアの主体性

では「環境ボランティアの主体性」とはどのようなものなのか。もっとも抽象的には、「自分が正しいと思うことを自分で実際に行動に移せること」であろう。環境問題の場合、地球温暖化、生物種の絶滅、ごみ問題など、どれをとっても人間一人一人の行動の総体が問題を引き起こしている以上、一人一人の行動のレベルに戻って解決をはからなければならない。しかし、それがなかなか難しいわけである。それはまた、環境ボランティアが何を守ろうとしているのか、とも関係してくる。

社会主義運動との対比を考えてみよう。社会主義の運動では、労働者の利益を実現するために、労働者（プロレタリアート）としてのアイデンティティの獲得、すなわち社会主義に至る歴史的な段階の中に自分を位置づけることが、主体性の獲得とされた。そしてそれさえできればおのずと闘争に赴くことになるのだった。

しかし、環境問題の場合、人間が自分たちの行為の結末について充分知ることができなかったか、あるいは公害のように他者の苦しみに対する配慮の欠如とが積み重なっておきた場合、問題を解決するとは、こうした「自覚や配慮の回復」なしにありえない。これらを認識した上で、さらにそれを実行に移す、という認識と行動両面の変化が必要である。

実際に行動をおこすことは、それまで行動していなかった人にとって、新しいリアリティの経験である。ここでいう「変身」にはピーター・バーガーの「翻身」という概念が示唆的である(5)。バーガーによると、「翻身」とは、社会化のやり直しであり、自己定義と世界観とのセットの変更のことである。

3—環境ボランティアの有効性感覚

アジアと米国の違い

それでは、再びスピーカーズツアーに戻り、参加者同士の議論を考察してみよう。その時の議論のテーマは、「環境ボランティアの活動が成功するためには何がもっとも大事か」であった。議論のリーダー役であるアメリカのスピーカーたちは、あらかじめ正解を用意していた。それは、「活動を成功させるために大事なのは、活動のターゲットとなる相手(target person)を明確にすること」であった。

しかし私はそれまでの参加や調査の経験などから、そうした戦略的な問題に先立って、もっと重要な課題があると感じていた。それは「参加者が、自分たちは社会を変えられるという感覚をもち、またそれを維持すること」である。アジア学生協会（ASA）からのスピーカーはこの意見に熱心に賛成してくれた。自分たちにとってもそれが大きな課題であり、悩みの種であると。

この日米の意見は相反するものではないが、内容には相当の隔たりがあるように思われる。この違いは何に由来しているのだろうか。

仮に、日本や他のアジア諸国では、「自分が社会を変えられる」という感覚（これを環境ボランティアの「有効性感覚」と呼ぼう）をもつことが難しいからである、という仮説をたててみよう。逆にいうと米国では、環境ボランティアとして有効性感覚をもつことが比較的容易なのではないか。

スピーカーズツアーがおこなわれた後、日本でも学生を中心とした環境ボランティアの活動を活発化させるために、各大学で孤軍奮闘している環境団体の連絡会を作ろうという意見が出され、「全国青年環境連盟（通称エコ・リーグ）」(6)が組織された。

成功経験の多寡

エコ・リーグ中日本の第一回のミーティングのとき、私は環境運動の「成功例」を話してほしいと求められた。ボランティアとして活動するときの大きな困難のひとつは、無力感である。この無力感は、一つには、「どうせ何をしても社会は変わらない、何もよくならない」という日常感覚に由来している。当時（一九九四年）、名古屋では、長良川河口堰がほぼ完成した直後であり、その他、中部国際空港、愛知万博、藤前干潟埋め立て(7)など、環境団体は旗色の悪い問題に取り囲まれていた。一つの活動に参加している人はたいてい他のことにも関わっているから、いわば負け戦の連続になる。これは精神的になかなか厳しいことである。

環境運動の成功例が少なかったのは、当時の名古屋に見られるとおり、環境破壊の原因として国家的

写真「救え、長良川10・4世界行動DAY」（一九九二年一〇月四日撮影）カヌーや橋上からアピールする市民・学生たち。

なプロジェクトが多く、九〇年代まで国側が頑迷に計画見直しをしなかった責任が大きい。もちろん環境ボランティア側の要因もある。日本ではまだ活動が未熟だった、規模が小さかった、などである。

名古屋ではその後周知の通り、藤前干潟埋め立てが中止となり、万博計画も二〇〇〇年現在、会場の規模縮小・分散の方向で見直し作業が進んでいる。今後、日本でもボランティアの力で社会は変わりうるのだ、という感覚をもちやすくなっていくかもしれない。成功例を他の団体やボランティアに伝えていくことは新規参加者にとってとてもよい励ましになる。

敵手との直接対決から得られるもの

ただし、開発計画の変更それ自体が、環境ボランティアが社会を変えられるという感覚に直接結びつくか否かは、多少こみいった事情がある。たとえば、愛知万博の場合、計画の見直しは、日本野鳥の会会員が当地がオオタカの営巣地であると発見したことが最初のきっかけとなった。なぜ万博を主催する愛知県にとってオオタカの巣がそれほど決定的だったかというと、オオタカ保護が環境庁の方針だからであり、その背後には国際的な絶滅危惧種保護の世論があるからだ。

つまり、県の計画見直しは、反対運動の主張を取り入れたというより、国際世論に対する配慮の結果であるという見方も成り立つ。「オオタカの巣」は反対運動にとって追い風にもなり得るが、場合によっては、鳥類についての自然科学的な「知識を豊富にもつ」全国規模の環境団体と開発側との間に論争の場が移って、地元の反対運動はいわば宙に浮いてしまうことになりかねない。これではボランティアの有効性感覚が高まらないだけでなく、なぜその森が守られるべきなのかについての議論が、地元の運動側と開発側との間で一向に深まらない。

オオタカの巣があるような自然度の高い森だから守られるべきだ、というのは確かにひとつの真実である。しかしそうなると今度は、オオタカの巣さえ守られればそれでよいのか。ひなが途中で死んでオオタカがいなくなった場合はどうなるのか。そもそも、オオタカの巣がない森は価値がないのか、という問題にもなる。

守りたい人びとがいる場合には、それがどれほどちっぽけな雑木林であったとしても、やはり守られるべき森なのである。森を守りたいと思い、行動をおこし、別の主張とぶつかりながら活動を進めていくなかではじめて、ボランティアにとって、自分が守ろうとするものが何であるのか、といった再発見があるだろう。あるいは利害の異なる人びとと渡り合うことで何かの手応えが得られるかもしれない。仮に目的が遂げられなくても、自分たちの活動を通して社会の何かが変わるのだ、と実感することもできるはずである。

ボランティアの自立性

さらに関連して、ボランティアの主体性、自立性と行政や企業との関係を考える必要がある。行政や企業が、地元の反対に先回りする形で開発計画を変更したり、人びとの環境への危機感を煽って自分たちの組織の維持やビジネスの拡大に利用するのは、たとえ一時的には事態が改善したかにみえても、長期的には真の問題解決にはならない。

先に見たように、環境問題の「問題性」は、単に物理的な自然・環境破壊にあるのではない。企業や行政で働く人びとが地元住民の意見に耳を傾けるという、考えてみれば当然の配慮をおこなわずに「仕事」を進めるという開発のあり方、さらに地元の人びとが、自分たちの守りたい自然環境が危機に瀕しているにもかかわらず、なかなか意見を表明したり、守るための行動に移れないという状態にこそある。愛知万博や藤前干潟埋め立ての場合も、計画がただ中止になればよい、というものではない。同じような企てが別の地でいつもちあがるか、わからない。

したがって、環境ボランティアは、企業や行政の行動を注意深く評価しつつ、自分たちの行動の自立性を守っていかなければならないのである。

4—環境ボランティアのアイデンティティ

被害者運動と環境保護運動　環境破壊に対する抗議を含む、広い意味でのボランティア活動はおおざっぱな分け方として、(1)環境破壊によって引き起こされた自分の生命や生活上の被害に対して抗議するタイプと、(2)自分の生命や生活に直接の被害が及ぶか否かは別として、環境が破壊されること自体を問題とするタイプとに分けることができる。

日本の場合、六〇年代から七〇年代にかけて表面化した四大公害の被害があまりにも甚大だったため、前者の方が広く知られてきた(8)。その主な担い手は被害を受けた当人もしくは家族などの被害者だった。これを「被害者運動」と呼ぶことにしよう。その後、八〇年代から九〇年代にかけて、いわゆる地球環境問題が注目を集めるようになってきた。これを仮に「環境保護運動」と呼ぶことにする。

「環境保護運動」の担い手は、公害被害を受けてきた人びとのような意味での「被害者」ではない。ではいったい何者なのか？　自然を愛好するという趣味に基づいて、あるいは狂信的な危機意識に基づいて、他人に意見を押しつけているにすぎないのではないか？　ここに環境ボランティアのアイデンティティをめぐる難しい問題が横たわっている(9)。

おそらくそこでは、「自分が正しいと思うこと」を何らかの「公共的」な観点に立って説明することが必要となってくる。しかし、環境保護運動で使われる、「将来世代、生態系の保護、持続的発展」など、理念をあらわす語彙・概念をめぐっては、どの語彙を選択するのかについても、また語彙の内容についても明確な合意はできていない。

環境保護運動の歴史の違い

スピーカーズツアーにスリランカから参加していたアジア学生会議の青年によると、現在圧縮された近代化を経験している彼の国では、被害者運動と環境保護運動とが同時に展開されているという。実際、彼が取り組んでいるのは、発電のためのダム建設反対運動であり、直接彼が被害を受けるわけではないとのことだった。

これに対して、たとえばアメリカの場合、シエラ・クラブ、オーデュボン協会などの団体を中心としておよそ二〇〇年前から自然保護運動の歴史がある(10)。イギリスにもよく知られているようにナショナル・トラスト運動の歴史がある。むろん、すべての人が自然保護派なのではないが、日本でここ数十年の間おこなわれてきたような自然保護をめぐる議論は、すでに社会全体に認知されているのである。一九六〇年代に入ってレイチェル・カーソンらの努力によって公害が社会問題として認識されるのは、日本とは逆に、自然保護運動が浸透した後のことである。

このような歴史的背景の違いにより、日本の環境ボランティアはまだ信念や理念にしたがって自己主張することに慣れていない、また、そうした信念や理念も社会的に明確になっていない。このような状況でボランティア個人が自分のことばで、ある問題を理念レベルにまで抽象化して説明し、周囲の理解を得るのはかなり荷の重いことである。理念をめぐる社会的合意の確立は、私たちに課せられた今後の課題である。

5―主体性・自立性の観点からみた産業社会

最後に、環境ボランティアの主体性をめぐって、いくつかのことを提起しておきたい。

ひとつめは、ボランティア活動にあたって問題への「自覚や配慮」が求められるとしたら、ボランティア活動以外の生活領域でそれらを阻害しているのはどのような制度と思考様式なのか、ということである。社会人の場合、ここには職業労働のあり方が深く関わっている。

第一に長すぎる勤務時間。第二に職業労働の意味。職業を社会に役立つ回路とする考え方もあるはずだが、実際には多くの場合、単に「物を売る」ということに縮減されてしまっている。第三に組織内での協調を最優先し、判断を組織にゆだねてしまう思考のあり方。さらに第四として、「暖かな情緒に満ちた」私的領域と「非情な」労働の領域を隔てる「公私の分離」という考え方そのもの。ここには女性にのみ家事・育児をまかせ、「配慮」や「愛情」を期待する性別役割分業の問題性もひそんでいる。

これらと関連してもうひとつの課題は、ボランティアの活動する領域は、本来的に他の社会領域から独立しているべきなのか、それとも将来的には（あるいは理想的には）他の領域へ融合していくはずのものなのか、ということである。

たとえば、エコ・リーグは中部リサイクル運動の「エコロジーは市場に乗らなければならない」という考え方に共鳴して、学生に環境関連の仕事を紹介する活動を続けてきた。このようにボランティアと市場との垣根を取り払おうとする方向性をどう評価し、市場原理が貫徹する領域とボランティア領域との関係をどのように位置づけるのか。こうしたことを考えていく必要があるだろう。

注

（1）　A SEED JAPAN（Action for Solidarity, Equality, Environment and Development, 青年による環境と開発諸協力と平等のための国際行動）は、一九九二年の国連環境開発会議（地球サミット）に向けて、未来世代を担う青年の声を届けようとの主旨で始まった国際キャンペーンをきっかけに設立された。会員数は約三五〇名（一九九八年九月現在）。二名の専従職員と五〇名のボランティアが中心となり、事務局運営やプロジェクトの活動をおこなっている。連絡先は、東京都新宿区西新宿三―七―二六―六一二、URL:http://www.jca.ax.apc.org/aseed/。なお、本章で紹介したスピーカーズツアーの詳細は、『国際青年環境講演者ツアー　国際青年環境開発会議　報告書』A・SEED・JAPAN、一九九三年にまとめられている。

（2）　名古屋大学ながら川自主ゼミアンケート調査、一九九一年実施。

（3）　環境ボランティアの盛んさを示す指標として、ボランティア団体数があるが、日本の環境ボランティア団体の実数を正確に把握できる統計は今のところない。環境事業団監修（財）日本環境協会編集『環境NGO総覧　全国民間環境保全活動団体の概要　平成一〇年版』一九九八年には、四二二七団体が記載されている。また、日本開発銀行編集発行の『調査　環境パートナーシップの実現に向けて――日独比較の観点から見たわが国環境NPOセクターの展望』一九九八年では、現在国内の環境NPOは一万団体ほどであろうとされている。

（4）「POWER～市民の力～」のメンバーは岡田泰幸氏、青木将幸氏の二名。全国各地のNPOを対象に、サポートセンターなどとも連携しながら、活動の計画・戦略づくり、広報、資金調達、プレゼンテーションなどに関する研修や、出版物刊行、調査研究活動などのNPOサポート事業を手がけている。連絡先は、東京都豊島区目白三―一七―二四、UTR:http://www.jca.apc.org/power/。

（5）P・バーガー、高山真知子ほか訳『故郷喪失者たち』新曜社、一九七七年。

（6）現在は学生だけでなく社会人も多い。全国青年環境連盟はエコ・リーグ東日本、中日本、西日本から成っていたが、エコ・リーグ中日本は解散した。全国事務局（東日本事務局）の連絡先は、東京都新宿区西新宿七―二〇―一四大城ビル二〇三、UTR:http://www2.biglobe.ne.jp/~eleague/。

（7）名古屋市が干潟を埋め立ててごみ処分場とする建設計画を進めようとしたが、干潟が日本有数の渡り鳥の飛来地であることから、強い批判があがった。世論の反対にあって、名古屋市は計画を断念した。

（8）四大公害とは、熊本水俣病、新潟水俣病、四日市ぜんそく、イタイイタイ病。当時から現在に続く公害について、木野茂編『環境と人間――公害に学ぶ』東京教学社、一九九五年、参照。

（9）この問題を「環境運動における主体形成論」と呼びたい。社会主義運動がプロレタリアートによって担われていたとすれば、環境運動はだれによって担われるのか、という問題である。あるいは、社会主義運動における争点と社会変動の原動力とが階級間格差にあったとすれば、環境運動においてそれに当たるのは何かという問いである。この問いに答えようとする議論に「新しい社会運動」論がある。「新しい社会運動」論全般については『思想』第一一号、一九八五年参照。ただし、筆者は環境運動の担い手が特定の社会的属性をもった（たとえば都市中間層など）集合として出現するとは考えていない。この問題に答えるためには、環境運動への参加などさまざまな行動化の場面を丹念に分析する必要があると思われる。なお、ここで言おうとするのは、被害者運動の主張が個人的な利害に限定されるものだということではない。被害者によって担われる運動が自らの受苦という個人的な経験を媒介として公共性に通じているのに対して、環境運動はそうした媒介項を欠いている、あるいはそれがあるとしても薄弱である、ということである。

しかし現実には、たとえば私が今まで参加してきた運動は後者のタイプだが、私自身は首都圏で一九七〇年代に光化学スモッグ公害を経験している。軽微なものではあるが一応、被害を受けた経験があるといえる。とすれば、「被害者運動」と「環境運動」との区別は理念型的なものだということになる。

(10) アメリカにおける環境運動の歴史については、岡島成行『アメリカの環境保護運動』岩波新書、一九九〇年を参照した。

長良川河口堰（134頁）

長良川は木曽川、揖斐川と並んで木曽三川と称され、岐阜県、三重県を流れて伊勢湾に注ぐ川である。流域には豊かな自然が残り、人間の生活と川とのかかわりも深かった。建設省は一九六〇年代から治水と利水を目的に、河口より五キロの地点に可動式の**河口堰**建設を計画した。流域住民や自然保護団体、ジャーナリストらが上流のサツキマス、アユなど魚介類への悪影響を理由に、建設差止め訴訟をおこすなど早くから反対運動をおこなった。河口堰は一九八八年に着工、九五年に堰のゲートが全面閉鎖された。現在も、堰のゲート開放を要求するなど、市民の運動が続けられている。

被害者運動（144頁）

一九六〇年代に全国で公害が多発したが、一九六七―六九年に「**五大公害訴訟**」が連続して起こされた。**新潟水俣病**、**四日市ぜんそく**、**イタイイタイ病**、**熊本水俣病**（59頁参照）、**大阪国際空港騒音公害**である。新潟水俣病訴訟を皮切りに、患者や家族が「原告団」を結成し、企業責任と損害賠償を追及した。

新潟水俣病は、阿賀野川流域で一九六五年に発生した有機水銀中毒による公害。昭和電工鹿瀬工場の排水が原因として、国も一九六八（昭和四三）年、熊本水俣病とともに公害と認めた。四日市ぜんそくは、三重県四日市市の石油コンビナートから排出される煤煙などが原因で住民がぜんそくにかかった公害で、相手企業は六社にわたった。イタイイタイ病は富山県・神通川流域で発生した公害。神通川上流の三井金属神岡鉱業所の排水に含まれていたカドミウムが住民に慢性中毒を引き起こし、骨軟化症などの痛みに苦しむ症状から名づけられた。一九六八年、国も公害と認めた。

五大公害訴訟では一九七一―七五（昭和四六―五〇）年に一審、または二審でいずれも原告が勝訴した。またヘドロ訴訟、新幹線認可取消し請求、火力発電所建設差止め請求、薬害・食品公害訴訟など、多くの訴訟が起こされた。「公害健康被害補償法」など、現在の公害規制・対策法や環境の安全性の考え方は、過去の**被害者運動**が労苦の末にかちとった成果といえる。（編集部）

参考文献　飯島伸子『改訂版　環境問題と被害者運動』学文社、一九九三年／足立重和「公共事業をめぐる対話のメカニズム―長良川河口堰問題を事例として」『加害・被害と解決過程』（講座環境社会学2巻）有斐閣、二〇〇一年

第9章　行政と環境ボランティアは連携できるのか
——滋賀県石けん運動から

脇田　健一

1——「環境へのおもい」のズレ

一通のファックス

私は以前、滋賀県の琵琶湖のほとりにある博物館で、学芸員として勤務していた。琵琶湖の環境をテーマにしているためだろうか、この博物館には、毎日のように、一般の市民、学校、そしてマスコミから、電話やファックスによる問い合わせがよせられていた。その多くは、生態学を中心とした自然科学や、歴史学・考古学にかかわるもので、それらの分野を専攻する同僚たちは、問い合わせの応対に忙しい毎日を送っていた。ところが、幸いにもというか、私のばあい、専攻が一般の人びとにはあまり馴染みのない環境社会学であったため、外部からの問い合わせはほとんどなく、同僚の学芸員たちに比べて、この点に関しては、ずいぶん楽をさせてもらっていた。

ところが、ある日のこと、そのような私にも、一通の問い合わせのファックスが送られてきたのだ。私は、どちらかといえば単純な人間なので、自分のような者でも社会のお役にたてるのだと、けっこう張り切った気持ちでファックスの文面を読みはじめた。

ファックスは、大阪市内で消費者問題や環境問題に取り組んでいるという、ひとりの女性からのものであった。そこには、いくつかの質問が書かれていたのだが、そのうちのひとつは、家庭から出る廃食油を利用した手作り石けんが、いったい「環境に良いのか悪いのか」を教えてもらいたい、というものであった。

他の質問については、手元のいくつかの資料をお送りすればご理解いただけるだろうと思ったのだが、こと「手作り石けん」に関する質問については、正直言って困ってしまった。というのも、滋賀県では、この手作り石けんに関して、少々ややこしい事情があったため、簡単には説明しにくかったからだ。その事情について話を進めるまえに、手作り石けんについて、その背景も含めて、ごく簡単に説明しておくことにしよう。

手作り石けんは「環境に悪い」のか

高度経済成長期以降、日本人の食生活は大きく変わったといわれる。天ぷらや揚げ物といった食用油を使った料理が、日常的に一般家庭の食卓にのぼるようになったのだ。そこで問題になったのが、使用済みの廃食油の処理である。料理に使ったあとの廃食油が、直接、家庭の排水とともに垂れ流しにされ、それが河川の水質を悪化させたり、下水道の排水処理に余分な負荷を与えてしまったからである。

ふたつめは、間接的な背景だが、合成洗剤の問題である。日本の戦後の消費者運動のなかで、合成洗剤は、皮膚障害等の健康障害、そして自然環境への悪影響の点から大きな問題として取り上げられてきた。運動のなかでは、合成洗剤にかえて石けんを使用することが、健康面からも環境面からもより安全だと考えられるようになっていた。

手作り石けんの背景には、以上のような二つの背景があったのである。すなわち、家庭から出る廃食油を捨ててしまうのではなく、家庭で使用する石けんの材料としてリサイクルすることで、自然にもからだにもやさしい暮らしに、少しでも近づくことができる、と考えられたのである。手作り石けんは、手間と労力はかかるが、比較的身近な材料を使って家庭でつくることができる。「手作り」という呼び方は、ここからきている(1)。

自宅で生ゴミを堆肥化することも同じなのだが、手作り石けんは、自ら出した廃棄物を自らリサイクルして再利用するという、日常生活でおこなえる環境実践のひとつだったのである。環境問題を考えるためのひとつの教材的な意味もあり、まだリサイクルという言葉が広まる以前から、この手作り石けんの実践は、全国の消費者問題や環境問題関係のさまざまな団体でおこなわれるようになっていったのである(2)。

さて、もう一度、さきほどのファックスに話を戻そう。私が、少々困ってしまったといったのには、実は事情がある。全国各地で「環境にやさしい」として、手作り石けんの実践がおこなわれてきたにもかかわらず、滋賀県内では、一九九二年、滋賀県庁により手作り石けんの自粛要請が出されていたのである。ファックスの送り主である女性も、この点についてはある程度は知っていたようで、「環境にやさしい」はずの手作り石けんが、どうして滋賀県では「環境に悪い」のか、別の言い方をすれば、どうして行政と住民の間で、「環境へのおもい」にズレが生じてしまったのか、彼女の疑問はその点にあったのである。

2―なぜ手作り石けんは自粛要請されたのか

滋賀県の石けん運動

滋賀県では、一九七〇年代から八〇年代初頭にかけて、県内の女性団体を中心に、「合成洗剤にかえて石けんを使おう」という石けん運動が、県民運動として、大々的におこなわれたという歴史をもっている（表参照）。

この石けん運動は、合成洗剤一般に含まれる合成界面活性剤が皮膚障害やオムツかぶれ等の健康障害をもたらすとして、全国の消費者運動を背景に始まった。そして、一九七七年五月に、琵琶湖に赤潮が大発生したことがきっかけで、合成洗剤が問題にされるようになった。当時、洗濯用合成洗剤に含まれていたリン分が家庭排水を通じて琵琶湖に流入し、赤潮等を発生させる「富栄養化」の促進要因になっていたからである。

この赤潮大発生を契機に、滋賀県庁の組織的・財政的支援のもと、石けん運動は大々的な県民運動として展開していったのである。そしてこの石けん運動が社会的な原動力となり、工業系排水の窒素・リン規制、有リン合成洗剤の販売・使用禁止を含む「滋賀県琵琶湖の富栄養化防止に関する条例」（一九八〇年）が制定された。当時としては前例のない画期的な環境保全条例であった。

このとき争点となったのが、条例で合成洗剤を全面禁止してすべて石けんにきりかえるのか、無リンであれば販売・使用を認めるのかという点だった。結局、法律との整合性の問題、合成洗剤メーカー側から違憲訴訟をおこされる恐れなどから、滋賀県行政は、有リンの合成洗剤のみを禁止した(3)。

もっとも、滋賀県の石けん運動のなかで、手作り石けんの実践は、それほど大きな位置を占めていた

表　石けん運動関係年表

1965頃	合成洗剤問題が全国の消費者運動の中で問題になる。
1970	地婦連と地評主婦の会が，合成洗剤問題に取り組み始める。
1972	県行政「琵琶湖環境保全対策」を策定。初めて合成洗剤問題に取り組む。
1973	県水質審議会，答申で「窒素，りん等の規制について検討」すべきと付言をそえる。
1973・75	県行政，県内市町村に石けん使用推奨，合成洗剤使用の適量使用を通達。
1974・12	武村正義氏，滋賀県知事に就任。
1975	県行政，水質審議会に「窒素・リンの規制はいかにあるべきか」と諮問。
1975	様々な団体により「琵琶湖の水と命を守る合成洗剤追放県連絡会議」結成される。
1977・5	琵琶湖に赤潮が大発生する。
1977・9	知事，県議会で「70%以上の県民の理解があれば，合成洗剤を条例で規制」。
1977・11	県行政，合成洗剤対策委員会設置。半年後「石けんの使用をすすめるべき」と提言。
1978・8	「琵琶湖を守る粉石鹸使用推進県民運動県連絡会議」結成される。
1979・3	知事，県議会で「秋に合成洗剤規制を含めた琵琶湖富栄養化防止条例を制定したい」。
1979・4	県行政，「びわ湖を守る粉石けん使用推奨交付金要項」施行。
1979・7	日本石鹸洗剤工業会会長，知事に条例反対を申し入れ，条例可決のばあい違憲訴訟を行うと表明。
1979・10	県議会で「滋賀県琵琶湖の富栄養化防止条例」全会一致で可決される。
1980・3	洗剤メーカー，県内で無リン合成洗剤販売開始。
1980・7	「滋賀県琵琶湖の富栄養化防止条例」（通称琵琶湖条例）施行される。

（出典）脇田，1995年，134頁（注３の文献）（一部略）

わけではない。多くの団体では、手作り石けんではなく、市販の石けんを推奨していたし、手作り石けんの実践は、あくまで、ひとつの運動の方法として一定の範囲でおこなわれていたというのが実状である。

ただ、それにもかかわらず、このような石けん運動という過去の歴史をもつがゆえに、滋賀県庁から出された手作り石けんの自粛要請については、滋賀県のなかでさまざまな議論がまきおこった。とくに、環境問題に関して取り組んでいる団体からは、さまざまな批判がおこなわれた。また、県外の団体や、自治体の環境対策、消費生活担当部局からも、事実確認も含めて、かなりの問い合わせがあったという。では、滋賀県庁と、手作り石けんの実践をおこなう住民とのあいだで、どのような言い分の食い違いがあったのだろうか。

滋賀県庁の言い分

県庁の言い分の基本は、水質に悪影響をおよぼすというものである。手作り石けんは、同じ廃食油を使ってメーカーが工場でつくる石けんとは違い、廃食油の不純物を前処理しないままに使っていたり、また、石けん分を純化させる塩析という工程をへていないため、不純物が残っているというのだ。実際、滋賀県庁の調査では、水質汚濁度を示すBODやCODの値が高い(4)。

当時の担当部局の課長は、新聞のインタビューに「食べ物かすを流さないように目の細かい三角ストレーナーをつけましょうとか、米のとぎ汁は畑にまきましょうとか、琵琶湖浄化のために微々たることを熱心にやっている中で、手作りせっけんだけに目をつぶるわけにはいかない」とこたえている(5)。もっとも、同じ記事のなかで、記者の「廃食油のリサイクルは今後どうするのですか」という質問にたいしては、「それが決定的に弱い。いま、手作りせっけんはダメ、といってそれじゃ、リサイクルはどうするの、廃食油を琵琶湖に捨てていいのか、といわれると困る。〔中略〕こういうこと（廃食油リサイクル・システムの確立—筆者）がきっちり出来上がれば、もっと強く手作りせっけんの自粛が要請できるのですが」と、リサイクル体制づくりの弱さについても認めている。

Mさんの言い分

Mさんは、滋賀県の湖東地域に住む女性である。自分の住む地域を中心に、手作り石けんの実践をおこなってきた。そのMさんにとって、滋賀県庁の自粛要請は、たいへんな衝撃であった。

Mさんは、地域の女性リーダーとして石けん運動にかかわるなかで、手作り石けんに出会った。そして、自ら情報を集め学習し、試作品を作っては、県の機関である消費生活センターの技師のもとに通い続けたのだ。半年後、Mさんは、その技師から品質の点で、人に勧め、実際に使用しても問題がないとのお墨付きをもらった(6)。その後Mさんの活動は広がり、大阪にまで講習にいくこともあったという。そのような活躍が評判になったのだろうか、地元のテレビ局が取材にやってきた。取材は無事終わったのだが、ちょうどその時期、手作り石けんの自粛要請が出されたのである。もちろん、取材の結果は放映されなかった。

県民運動としての石けん運動の母体であり、さまざまな住民団体の連絡調整会議でもある、滋賀県庁に事務局をおく「びわ湖会議」という団体がある。自粛要請がある以前、Mさんは、その団体の男性幹部から、「手作り石けんは、主婦のリサイクル運動や。Mさん、頑張ってやってや」と激励されていたのだが、自粛要請後はとたんに、「手作り石けんは、あかんで」と手のひらを返したように冷たく言われてしまった。

手作り石けんについては、滋賀県の石けん運動のなかでも、さまざまな批判があった。たとえば、一般家庭から廃食油が出るのは資源有効利用の点から問題があるというものである。食油は、無駄なく全部使いきってしまうのが賢い消費者、というわけである。また、「手作り石けんの面白さに引きずられて、廃食油ではなく、お中元にもらった新品のサラダオイルを使って、手作り石けんを作っている人がいるんですよ」という話を、私自身聞いたことがある。これなどは、手作り石けん実践の問題意識を自ら否定するような行為であり、笑うに笑えない話である。また、手作り石けんを作るさいに用いる苛性ソーダが、一般の人びとが扱うには危険な物質であるとの批判もあった。

もちろんMさんは、このような批判についても、十分に承知していた。それにもかかわらず、彼女が手作り石けんの実践をおこなってきたのは、近くの主婦、とくに若い年齢の主婦たちが、廃食油を垂れ流しにしていることを知っていたからだ。Mさんをして消費生活センターの技師のもとに半年間通いつめさせたのも、自分の住んでいる地域に、このような現実があったからこそなのだ。リサイクルのシステムがなく、琵琶湖に流されるのなら、手作り石けんを実践したほうがよい、Mさんは、そのように考えるのだ。

Mさんたちの手作り石けんの実践には、仲間で楽しみながら環境をよくしていこうという、環境ボランティアとしての意識の動き、いいかえればポジティブな意識の動きをみることができる。厳しい環境問題の現場にいる人たちからすれば、なんとものんきな話のように思えるだろう。しかし、なにげないこのような点にこそ、今後注目していく必要がある。そこには、厳しく人を縛る倫理とはまた違う、別の倫理が存在している(7)。

3―行政と住民が連携していくために

手作り石けんそのものの品質が「環境に良いのか悪いのか」、たしかに、そのような科学的な検討も重要だとは思う。しかし、環境社会学の立場からするならば、検討すべき問題は、もっと別のところにある。

さきほど紹介した、滋賀県庁の課長のインタビュー記事と同じ記事のなかで、滋賀県内にある環境団体の役員は、個人レベルの石けんづくりに問題があることは認めながらも、次のようにこたえている。

写真　琵琶湖の漁業
琵琶湖は長い歴史のなかで、魚という「生命」、漁業という「生業」を育んできた。さまざまな環境実践（ボランティア・NPO）のなかで、わたしたちは、このような「生命」や「生業」のもつ深い意味を、どのようにとらえることができるのだろうか。

「技術論、品質論は避けてはいけないけれど、それだけでは問題があります。人の動きとのかかわりで事を論じないと、環境保全の運動は継続性を持たない。これは信念です。〔中略〕手作り石けんにかかわってきた人たちの感性、努力は評価すべきです。その努力を社会化するために、行政はリサイクル社会へ向けてシステム作りを進めるべきです」(8)。

私は、このような指摘はある一個人の信念という以上の意味をおびており、環境社会学の立場から考えて、たいへん重要だと思う。手作り石けんを、そしてその実践をおこなう人びとを、単なる「汚濁源」としかみなさないような機械的なとらえ方を超えたかなたにある、人びとの生活に根ざしたポジティブな意識のあり方。これを、政策や施策に生かしていくこと。滋賀県庁が失敗したのはじつはこのことだったのである。

近年、行政は、環境政策や施策のなかで住民参加をうたいあげる。とくに阪神・淡路大震災後、ボランティア、NPOなど市民・住民団体と行政の連携、パートナーシップが行政側から強調されている。しかし、へたをすると、住民参加は、行政にとって、政策や施策をうまく動かしていくための、そして正当化のための手段に陥ってしまう。行政にとって都合のよい点については、住民参加という名の動員をおこない、都合の悪い点には耳をかそうとしなかったり、規則をたてに自分たちの主張を押し通そうとしてしまうのである。

その結果、行政と住民、とくに自主的に環境保全の実践に取り組む環境ボランティア・NPOとの、「環境へのおもい」にズレが生じ、不信感を増幅してしまうことになる。これは、十分な情報公開のもと、対等の立場でのコミュニケーションが可能になるような社会的なしくみ(「公論形成の場」(9))ができていないからなのだ。

行政は、「住民は、個別の利害や状況にとらわれており、自分たち行政のプロこそが問題の全体性を正しくとらえている」とでも表現されるような、「民の上に立つ」発想から抜けだす必要がある。そして、さきほどの環境団体の役員が指摘するように、環境ボランティアの「意識の動き」を考慮し、「感性、努力」を評価し、その「努力を社会化」していくような政策・施策、そしてそのための社会的しくみをつくりだすことが重要になってくる。それなくしては、住民参加の実現はむずかしい。

熱帯雨林の消失、砂漠化、温暖化、地球環境の危機が叫ばれている現状で、あまりにも日常的で些細な話をしているように思えるかもしれない。しかし地球環境問題のような「大きな問題」が、実は、なにげない日常生活に結びついた「小さな問題」、そして人びとの意識のあり方と、結びついているのである。私は、その意識のあり方を無視しては、どんな政策論も、長期的にみれば空回りに終わってしまうと思うのである(10)。

注

(1) 手作り石けんの製法は、焚き込み法ともいわれる。ごく一般的な製法についていえば、およそ次の通りである。九〇度ぐらいに加熱した廃食油に、乳化のための冷ごはん、それに苛性ソーダを入れ、そこに熱湯を少しずつ加えかき回す。一日おきに熱湯を加える工程を繰り返し、後は、約一ヵ月寝かせて待つとできあがる。

(2) 手作り石けんの実践は、一九八〇年前後から全国各地でおこなわれるようになり、とくに、八三年、沼津市の市議会議員が第七回合成洗剤研究会で発表してから急速に拡がっていったという。「使い捨て文化への見直し、環境保全に対する主婦たちの関心の高まり、仲間作りや手作りのよろこび」などが、この実践が拡がっていった要因ではないかといわれている(合成洗剤研究会編『新書版　洗剤の辞典』合同出版、一九九一年、一四五頁)。

(3) 条例制定時に生じた問題については、脇田健一「環境問題をめぐる状況の定義とストラテジー――環境政策への住民参加/滋賀県石けん運動再考」『環境社会学研究』一号、一九九五年、一三〇――一四四頁を参照していただきたい。この拙論では、行政と住民団体(環境ボランティア・NPO)との連携、そして住民参加に関わる問題について論じている。

(4) BODとは生物化学的酸素要求量、CODとは化学的酸素要求量のことであり、ともに水質汚濁の指標として用いられる。新聞報道によれば、サンプルとして調査された手作り石けんは、市販の粉石けんに比べて、この水質汚濁の数値が、明らかに高い。ただし、手作り石けんを使った排水が、実際に、浄化槽や下水道に流されるのか、それとも直接河川に流されるのか、その点についてはほとんど議論がなされていなかった。また、住居内の掃除用洗浄剤の化学物質などは、どのような形で問題になるのだろうか。社会学者として気になるのは、具体的な条件をぬきにして、BODやCODといった数値だけが一人歩きし、それが結果として、あたかも「環境そのもの」のように置き換えられてしまうことなのである。

(5) 朝日新聞・夕刊(大阪一九九二年七月一八日)「ザ関西こうろん・おつばく　琵琶湖汚す　手作り石けん」より。

(6) もちろん、Mさんの手作り石けんが、どのような品質のものかはわからない。しかし、数少ない分析結果(新聞報道では四例)で、手作り石けんはダメだと一般化されてしまうところに、客観的な装いをもった数値によって自己の存在が無化されてしまうところに、Mさんの「悔しさ」があるのだ。また、琵琶湖の水質汚濁ということでいえば、たとえば、十分に管理と監督が行き届いていない浄化槽の問題、農業排水の流入なども問題になろうが、それらの汚濁の要因は、この手作り石けんとは同時には議論されていない。

(7) この点については、本書、第1章における鳥越皓之の議論も参照してほしい。

(8) 前掲新聞記事。

(9) 原語は arena of public discourse. 船橋晴俊「現代の市民的公共圏と行政組織」青井和夫他編『現代市民社会とアイデンティティ――二一世紀市民社会と共同性:理論と展望』梓出版社、一九八九年、一四九頁。

(10) 本章はおもに、一九九二―九四年に滋賀県でおこなった聞き取り調査にもとづいている。滋賀県の石けん運動自体については、紙数の制約から、ここでは詳しく取り上げていない。簡単に触れれば、県民運動として展開していた石けん運動も、一九八〇年を前後して、しだいに停滞していった。その原因はさまざまだが、ひとつには、石けんの使用は本来、あくまで自分たちの健康を守り、環境を保全していくための「ひとつの手段」であるにもかかわらず、結果として「合成洗剤使用=環境に悪い、石けん使用=環境によい」という図式のなかに運動がとどまり、暮らしと環境・社会との関係をより掘り下げて考えていくことができなかったためと考えられる。

ところで、合成洗剤に含まれる合成界面活性剤もそうなのだが、さまざまな化学物質が問題視されている。多くのばあい、これらの化学物質の問題は、いわば「グレーゾーン」にあり、社会的に統一した判断基準を形成しにくい。社会学は、このような問題に関するさまざまな「科学的」な判断に対して、原理的には真偽を下すことはできない。もちろん、特定の立場や、特定の「科学的」判断を前提に分析することは可能だろう。しかし、重要なのは、むしろ、このような「グレーゾーン」の問題に対して、地域住民、行政、専門家がおこなう相互作用の過程を分析していくこと、また、「グレーゾーン」に、どのように社会的に対処したらよいのか、そのような問題を検討していくことなのではないだろうか。

また、滋賀県の石けん運動のばあい、その中心的な担い手は女性たちであった。筆者は、そのような女性たちの「運動の経験」自体を、ジェンダーの視点から考えていきたいと考えている。石けん運動に対しては、一部に、「行政にとりこまれてしまった」との否定的な見解もある。しかし、石けん運動に参加した結果、たとえば、さまざまな社会の問題がみえてきた女性たちの一部は、その後、福祉をはじめとするさまざまの問題にとりくむようになった。このような女性たちにとっての「運動の経験」とは、どのような意味をもつのだろうか。そのような経験自体に焦点をあてることは、従来の、環境運動に関する研究とはまた異なる、新たな現実を見い出していくように思える。

日常的な知と科学的な知（161-162頁）

琵琶湖総合開発計画が実施され、琵琶湖畔で急激な環境の改変がすすんでいた一九八〇年代初めに、湖畔住民の生活の変遷、水をめぐる「環境史」をフィールド調査した貴重な研究がある。『水と人の環境史――琵琶湖報告書』と題するその書物のしめくくりで、研究代表者の鳥越皓之は「方法としての環境史」として、次のように述べている（強調は編集部による）。

「私どものいう環境史には明確な立場がある。それは当該社会に実際に生活する**居住者の立場**である。いわゆる第三者の立場（俗に客観的立場と言われている）には立たない。その理由の一つは環境問題には純粋に第三者の立場などあり得ないと考えているからだ」。

「私たちの理解では、地域環境は主としてそこに住む人たちの「日常的な知」によって支えられている。この「**日常的な知**」とは「過去の知の累積」の結果のことである。また、日常的な知は**科学的な知**に対置される関係にある。目下、環境保全を支える知は日常的な知から科学的な知（その代表例は**近代技術**）に、その主役が変わりはじめている。科学的な知は〝正しく〟（〝新しく〟というべきだろう）、日常的な知は古い、という世間の〝一般常識〟があるため、この変化はかなり急速におこなわれている（中略）。

兎川が汚れているという住民の理解（全体的、主観的。これを「ソフト」とよんでいる）と科学的理解（要素的、客観的。これを「ハード」とよんでいる）とが一致するばあいが少なからずあるが、逆に一致しないばあいも出てくる。はたしてどちらが正しいのだろうか。これはどちらが正しいといえるものではない、と私たちは考えている。人間がつくりつづけてきた環境（いわゆる「**自然環境**」も人間がつくってきた環境だ。私たちの国にはまったく純粋な自然環境はほとんどない）について、日常的な知は独自の論理をもっている。そして現在、この独自の論理を政策担当者や科学者は不当に低く評価しているという批判を私たちはもっている。けれどもあきらかに、科学的な知は日常的な知の論理では見えなかった事実を剔出する力量をそなえている。共に正当に評価すべきである、というのが私たちの主張である」。

（編集部）

引用文献　鳥越皓之・嘉田由紀子編『水と人の環境史――琵琶湖報告書』御茶の水書房、一九八四年（増補版、一九九一年）三三三―三三四頁

第10章　ＮＰＯ法の立法過程
――環境ＮＰＯの視点から

堂本　暁子

1―水面下の交渉プロセス

自然環境の保全、公害の防止、廃棄物の処理、地球温暖化の防止など、環境運動の視点から、「特定非営利活動促進法」（以下「ＮＰＯ法」と略）の立法過程をみると、福祉やまちづくりなどの領域と違って、行政ならびに保守勢力からの環境分野に対する警戒心と抵抗は非常に強いものがあった。

わが国においては、高度経済成長に伴い、水俣病をはじめとする公害や環境破壊の問題が深刻化し、公害被害者や市民団体の抗議行動が紛争化して政治的争点となったが、その頂点が一九七〇年の「公害国会」であった。この国会において、「公害対策基本法」（一九六七年制定）にあった「経済の発達を阻害しない範囲での公害防止」という悪名高い経済調和条項が削除された。

しかしその後三〇年をへた現在も、経済活動を優先させるわが国の政治・行政の本質的な構造は当時と変わっていない。また、環境運動をおこなう市民団体が道路やダム建設などの公共事業を抑止しかねないとの懸念、さらに政府・地方自治体あるいは企業と市民団体が対立・紛争してきた歴史的経緯もあって、従来、政治と行政機構が巧妙に市民団体を排除してきたのと同じ力学が、ＮＰＯ法の立法過程においても働いたのである。

それは二つの方法で表れた。第一は行政がＮＰＯ法人を管理監督する構造をつくろうとする間接的方法であり、第二は環境ＮＧＯ・ＮＰＯを法人格付与対象から排除しようとする直接的なものであった。こうした要求は環境を重視する時代の流れから、さすがに公開の場で論じられることはなかったが、非公式な場ではつねに交渉の争点になった。

本稿では、そうした水面下での交渉プロセスを掘り起こしながら、最終的には従来の公益法人と違って行政から独立したかたちで環境ＮＧＯ・ＮＰＯをＮＰＯ法の対象分野の一つに加えたことの意義について述べたい(1)。

2―議員立法の意義

国際的な潮流

一九七二年にスウェーデンで開かれた「国連人間環境会議」以後、地球温暖化や生物多様性の破壊など地球規模の環境危機に不安を抱く市民が世界各地で同時多発的に行動をおこし、ＮＧＯ活動が国際的なうねりとなった。

一九九二年にリオ・デジャネイロで開催された「地球サミット」には世界各国から多くのＮＧＯが参加した。日本とて例外ではなく、産業公害から都市・生活型の公害へ(2)と環境の状況が変容するなかで、市民団体の活動も多様化し、筆者らの「地球環境・女性連絡会」をはじめ地球環境保全やエコロジーをテーマに掲げる数多くのＮＧＯがリオにも参加した。

写真　GLOBE（地球環境国際議員連盟）一〇周年記念総会（ドイツ・ボンにて、一九九九年八月二四日撮影）。GLOBEは世界の国会議員が個人の資格で参加している国際環境NGO。前列右端が筆者。

しかし、日本のNGOは人的、組織的、経済的にも力が弱く、欧米はもとよりアジア、アフリカ、南米など途上国のNGOと互角に活動を展開することはできなかった。その主な原因の一つが環境NGOのほとんどが法人格をもたず、社会的基盤のもろさから、組織として成熟していなかったためである。

法人格付与の要望

そうした状況のなかで、市民団体からNPOへの法人格付与の要望が高まった。一九九四年一一月五日に、法人格の取得や税制の優遇措置など、市民活動を支える社会制度を整備することを目的に、市民団体による連合組織「市民活動を支える制度をつくる会　シーズ（C's）」が結成された(3)。

筆者の所属していた新党さきがけは一九九四年の秋から立法の準備を始めるが、暮れになって社会党や新進党も動き出す。これを一気に加速させたのが一九九五年一月におきた阪神・淡路大震災である。当時、連立与党を組んでいた自民党、社民党、新党さきがけの三党はただちに与党NPOプロジェクトチームを立ち上げる。

しかし、三党の意図するところは本質的に違っていた。自民党は介護などの分野でボランティア的な性格の強いＮＰＯを期待し、社民党は平和、環境運動の市民団体などから直接に要望され、さきがけは官僚支配から市民が主役になる社会への変革の要としてＮＰＯ法を位置づけていた。

名称についても、さきがけは国連で使用されているＮＧＯを主張したが、残る二党はＮＰＯを使うことを主張し、結果的にＮＰＯが日本では通称として使用されるようになった。

議員立法か内閣提出の法律か　ＮＰＯプロジェクトにとっての最初の関門は、議員立法を実現できるか否かであった。なぜなら、九五年一月の阪神・淡路大震災以後、内閣官房長官の要請に応えて、一八省庁からなる「ボランティア問題に関する関係省庁連絡会議」(4)が設立され、立法作業を進めていたからである。

そして、およそ一〇ヵ月後の一一月八日に、関係省庁連絡会議は公益法人の延長線上にＮＰＯ法人を位置づけた内容の中間報告を発表した。その内容は「ボランティア活動を主に行い、かつ公益の増進に資する」市民団体に簡易な手続きによって法人格を取得させるという「ミニ公益法人」的なものであった(5)。

中間報告が意図する「ミニ公益法人」的なものは、市民団体や議員が希望するＮＰＯ法人とは本質的に違っており、行政府の立法府への挑戦とすら受け取れた。ＮＰＯプロジェクトのメンバーは、「議員立法でない限り、市民が主体の立法は不可能である」との観点から、時の野坂官房長官に「ＮＰＯ法は市民の代表である議員によって立法されるべきである」と申し入れた。官房長官もこれを了承したので、この日まで立法府と行政府の二本建てで進んできた立法作業は議員立法に一本化された。

3―「環境」を管理・排除する論理

議員立法に決まっても、行政がＮＰＯ法人を選別・コントロールし、さらに小規模に抑え込もうとする圧力は強く、その典型的なものが法人の定義に「公益性」と「無報酬性」を入れることであった。

公益性

わが国では、明治二九（一八九六）年から民法三四条「公益法人の設立」の規定により、主務官庁が非営利法人の「公益性」の是非を判断し、法人格の付与を決定する許認可制度をとってきた。それ以来、主務官庁の判断基準はあくまでも行政側にその団体が利するか否かであって、ダム建設や原発など国の推進するプロジェクトに反対する多くの環境ＮＰＯは法人格をもつことができない状況が一世紀にわたって続いてきたのである。

日本の公益法人の本質について、アメリカのジョンズ・ホプキンス大学のＬ・サラモン教授は「日本の公益法人の多くは主務官庁が設立し、天下り官僚が活動から予算までを監督するため、実際は政府の一部を成している」と指摘している(6)。

つまり、「公益性」の概念は体制に利する立場として理解、解釈されてきており、今後ＮＰＯ法においてもそれが継続されたのでは、再度、環境ＮＰＯは排除されかねないのである。したがって、立法過程において、「公益性」という概念がＮＰＯ法に織り込まれないように、市民と議員は最大限の努力をはらった。そのため、何らかの形で「公益性」を軸に据えようとする保守勢力と市民サイドは終始対立した。

一九九五年の一一月二〇日にＮＰＯプロジェクトの担当座長だった社民党が示した市民活動の性格は

「非営利性、自主性、社会参加等」であったが、自民党はこれを「非営利性、自主性、社会参加等の公益性」と修正するよう要求した。その結果、「公益性」という文言を使うべきではないと主張する社民・さきがけ両党と自民党との間で大激論となった。が、「シーズ」をはじめ市民サイドからのサポートも強く、自民党が主張する「公益性」を定義に用いる代わりに「不特定かつ多数のものの利益の増進に寄与すること」という表現にすることで合意をみたのである。

無報酬性

第二の争点は、NPO活動に参加するスタッフの報酬についてであった。自民党は、NPO活動に参加するスタッフの報酬を「ボランティア」、つまり可能な限り無報酬性（無償）に近いものにすべきだと主張した。ちょうど厚生省をはじめ行政側は、介護保険の実施を目前に控え、「低廉性」、つまり安い労働力を供給する組織としてNPO法人を想定していたのである。のみならず、従来の三四条の「公益法人」と「低廉性」で区別する意図もあった。九六年四月に、自民党はNPO法の条文の定義に「通常要する費用を上回る対価を受けておこなうものを含まないもの」と、「低廉性」を明確に書き込んだ。

しかし、わが国の環境NPOが直面してきた限界の一つは、スタッフに給与を支払い、社会保障を担保するなど、労働権を保障できなかったために、人材を確保できなかったことにある。「NPOを拡大強化するためには、財政的基礎ならびに専従スタッフの生活や労働の保障は不可欠」だと主張してゆずらないさきがけは自民党と真っ向から対立し、話し合いがつかなかった。ここはさきがけにとっての正念場で、妥協することはできなかった。最終的には、さきがけの主張が通り、「無報酬性」は撤回され、逆に活動を発展させるための収益事業も認めることになった。

当初与党三党は、ＮＰＯ法人の対象となる活動分野として「環境の保全」「社会福祉の増進」「国際協力」など一六項目(7)を掲げ、広い範囲を認めていた。

対象分野から排除された環境保全

ところが一九九六年の六月に入って、自民党は突然「対象の範囲を広げると制度が濫用される可能性がある」と一六項目に難色を示し、「環境の保全」「人権の擁護」「平和の推進」などを削除し、「保健福祉の増進」「まちづくりの推進」「スポーツの振興」「災害時の救援」「犯罪の防止」「国際協力」「交通の安全」の七項目に限定してきた。社民、さきがけは「環境の保全」を削除することは認められず、協議は決裂した。

七月に入って、自民党から「地球環境の保全」ではどうかと打診された。かつて一九九三年に国会に提出された「環境基本法」(8)の審議の際にも、同じことがあった。自民党は「環境の保全」に反対し「地球環境」を用いたため、ダム建設や野生生物の保護など特定の地域の具体的な事例が環境基本法の対象から外されるという構造に仕上げられた苦い経験があった。

さきがけとしては再度「地球環境」を用いることには不本意であったが、ＮＰＯ法案を成立させるという目的を優先させるため、この局面では妥協せざるをえなかった。こうして与党三党は議員立法として「市民活動促進法案」を衆議院に提出した。

「地球」の削除に成功

一方、一九九六年九月二二日に民主党が結成され政局は大きく動き、与党三党は当時の新進党や民主党にＮＰＯ法案の協議を呼びかけることになる。民主党は三九項目の修正要求を出したが、そのなかには「地球環境の保全」の「地球」を削除する項目も含まれていた。もちろん社民、さきがけは賛成したが、自民党は「地球」の削除を保留した。そこには「地球環境」は認めても「環境」は認めようとしない行政の意図が見え隠れしていた。

最終的には、与党三党と民主党との交渉のなかで、自民党は「地球環境の保全」からの「地球」の削除をはじめ九項目の修正を受け入れ、九七年五月に確認書が交わされた。その結果、六月五日の衆議院内閣委員会で与党三党と民主党が提出した「市民活動促進法案」の共同修正案は次のようになっていた。第二条の「定義」が掲げる市民活動の範囲を①「保健福祉」を「保健、医療又は福祉」に、②「地球環境の保全」を「環境の保全」に修正し、③「市民活動を行う団体の運営又は活動に関する連絡、助言又は援助の活動」が追加されていた。

翌六月六日、修正された「市民活動促進法案」は衆議院本会議で可決し、参議院に送付された。参議院では法律の名称が「市民活動促進法」から「特定非営利活動促進法」に変わるなど大幅な修正が加えられたが、環境に関しての修正はなかった。

こうしてNPO法は一九九八年三月二五日に成立し、一九九八年一二月より施行される運びとなった。

4―市民の独立と参加

NGO／NPOの独立性

水や大気や土壌などの汚染防止、森や川や海などの生態系保全、廃棄物のリサイクル、ダイオキシンや環境ホルモン対策など、いまや国や地方自治体の規制や行政指導では解決できず、一人ひとりの市民の意識や小さな努力の積み重ねによってはじめて改善できる環境問題が山積している。

したがって、従来のように国や地方自治体が政策を決めて通達するといった「上意下達」方式は通用しない時代である。むしろ、環境の視点からの新しい価値観に基づいて、市民やNGO・NPOの側から政策を提言し、行政や企業、そして市民が合意を形成しながら政策を実現することが求められている。そのためにはNGO・NPOが国や地方自治体に従属する関係にあるのではなく、パートナーとして独立した存在でなければならない。

地球サミットでも環境保全には市民参加のNPOの必要性が認識され、「アジェンダ21」では「独立性は非政府組織の主たる特性であり、真の参加の前提条件である」としている(9)。その意味で、行政に追随しかねない「公益性」をNPOの認証基準にしなかったこと、ならびに組織の継続はもちろんのこと活動を拡大するためにスタッフの「無報酬性」を取り除いたことは、環境NPOの基盤として必要であった。しかし、行政のコントロールを排除したということは、市民が責任と義務を負い、市民団体自らが情報を公開するシステムを構築することでもある。

風穴をあけたNPO法

これまで圧倒的に多かった内閣提出の法律でなく、議員立法としてNPO法を成立させるという大仕事を、議員と市民が一緒になってなしとげた意義は大きい。さらに上意下達から下意上達への逆転の可能性を秘めたNPO法は、明治以来の民法に大きな風穴をあけたともいえる。

大量消費型の経済社会システムから循環型社会への質的転換を図る一つの起爆剤としてNGO・NPOが機能するために、このNPO法は必要不可欠である。今後、この器をどう活用し、多角的な環境分野での市民活動を充実させるかが課題である。今回のNPO法では見送られた、税の優遇措置（事業収益への優遇課税や寄付金の控除措置）の実現がぜひ必要である(10)。

一方、非営利セクターの事業体の経済活動にも現代的な価値がある。アメリカではすでに民間非営利団体の事業規模が一九九一年にはＧＤＰの六・七％を占め、その経済活動がオイル・ショックのために景気が低迷していたアメリカ経済の力になったといわれている。わが国でも雇用の創出、労働力の再配置はもちろんのこと、経済を活性化する新しいセクターとしてＮＰＯ活動が今後位置づけられるであろう(11)。

注

(1) 国際的にはNon-Government Organizationの略であるＮＧＯのほうが一般的であり、いまも英語の略称としてはＮＧＯのほうが適切であると考える。が、本稿では最終的に法律の名称となったNon-Profit Organizationの略であるＮＰＯにほぼ統一して使用することとする。

(2) 一九六〇年代ごろから、大規模工場が密集する工業地帯を中心に、煤煙による大気汚染やヘドロによる海の汚染、地下水汲み上げによる地盤沈下、騒音、悪臭などによる生活・健康被害が「産業公害」として問題化された（川崎、尼崎、四日市、富士（田子の浦）など）。近年は、大気汚染や騒音などの自動車公害や、大量のごみ問題、廃棄物処分場やごみ焼却場からのダイオキシン排出など「都市・生活型公害」に問題の焦点がうつりつつある。

(3) 市民団体だけでなく、総合研究開発機構（ＮＩＲＡ）も専門家を集め「市民公益活動の基盤整備に関する研究」プロジェクトを設置し、研究報告書をとりまとめた。経済団体連合会（経団連）も社会貢献部を中心に法制化に向け研究会を開催していた。

(4) 構成員は総理府、警察庁、総務庁、経済企画庁、環境庁、国土庁、法務省、外務省、大蔵省、文部省、厚生省、農林水産省、通商産業省、運輸省、郵政省、労働省、建設省、自治省。

（5） ボランティア問題に関する関係省庁連絡会議「ボランティア活動及び対象となる団体」『中間報告』一九九五年、三頁。

（6） 日本国際交流センター『The JCIE Papers ――アジア太平洋における市民セクターの台頭』。

（7） 対象分野の一六項目は、社会福祉の増進、保健医療の促進、教育の推進、まちづくりの推進、文化の向上、芸術の振興、スポーツの振興、環境の保全、災害時の救援、犯罪の防止、人権の擁護、平和の推進、国際交流、国際協力、交通の安全、その他の公益に関すること。

（8） 一九九三年一一月成立、施行。「公害対策基本法」と「自然環境保全法」に代わる総合的な環境政策の基本法。「環境への負荷をできる限り低減する」という基本精神が謳われているが、本文でふれた問題のように具体的実効性に欠ける点で課題が多い。

（9） 国連事務局『アジェンダ21――持続可能な開発のための人類の行動計画92地球サミット採択文書』海外環境協力センター、一九九三年、三五九頁。

（10） 二〇〇一年一〇月、NPOへの税の優遇措置が始まった。しかし条件が厳しく手続きが複雑なため、適用を受けられるNPOは少ない（『日本経済新聞』二〇〇一年一〇月三一日）。

（11） 日本では一九九八年、NPO活動は一八兆円、GDPの三・六%を占めている（経済企画庁の試算、『日本経済新聞』二〇〇〇年一〇月二六日）。

地球サミット（165頁）

一九七二年、地球規模の環境問題を討議する初めての国際会議「**国連人間環境会議**」（165頁）がスウェーデンのストックホルムで開かれた。その二〇年後の一九九二年、ブラジルのリオデジャネイロで「**地球サミット**」（環境と開発に関する国連会議、UNCED）が開催された。一八三ヵ国から約二万人が参加し、**地球環境問題**の解決策が話し合われた。会議の結果、リオデジャネイロ宣言、**アジェンダ21**（環境保全の行動計画）、「**気候変動枠組み条約**」（地球温暖化防止、CO_2排出削減）、「**生物多様性保全条約**」（絶滅の恐れのある稀少生物の保護）、「**森林保全の原則声明**」（熱帯雨林の保護）が採択された。

リオ宣言では、環境と開発についてあらゆる理念が盛り込まれたが、最大のキーワードは「**持続可能な開発**」（sustainable development）であったといわれる。この用語は「生態系のもっている扶養能力の範囲内で生活しながら、現世代の生活の質の向上をめざす」、つまり開発にあたっては、有限な地球生態系の資源を**将来世代**に引き継げる範囲内で利用すること、と理解される（**持続可能性** sustainability、**持続的発展**ともいう）。

日本でも地球サミット以後、地球環境問題がマスメディアで取り上げられる機会が増え、問題の重要性やエコロジーの価値がある程度認知されるようになった。「地球にやさしい」というフレーズや、グリーン、エコグッズ、エコツアーなどの言葉も浸透した（但し、安易な宣伝文句の場合も多い。本物かどうかを見極める力量が必要）。

今後、CO_2排出量削減（大きくいえばエネルギー消費抑制）などの目標を、先進国と発展途上国の鋭い利害の対立を調整しながらどのように達成していけるか、資源浪費型から**循環型社会**・エコライフへ、産業構造や個人のライフスタイルをどう転換していくかなどが課題である。

（編集部）

参考文献　山村恒年編『環境NGO』信山社、一九九八年／堂本暁子『生物多様性』岩波書店、一九九五年／宇井純・根本順吉・山田國広監修『地球環境の事典』三省堂、一九九二年／『現代用語の基礎知識』二〇〇〇年

NPOの活動領域（171頁）

NPO法では、一二の活動領域を「特定非営利活動」と規定している。

①保健・医療または福祉の増進
②社会教育
③まちづくり
④文化・芸術またはスポーツの振興
⑤**環境の保全**
⑥災害救援活動
⑦地域安全活動
⑧人権の擁護、または平和の推進
⑨国際協力
⑩男女共同参画社会の形成
⑪子どもの健全育成
⑫前各号に掲げる活動をおこなう団体の運営、または活動に関する連絡、助言または援助

「シーズ」（166頁）が一九九九年五月におこなったアンケートによると、実際に法人申請をしたNPO三七六団体のうち、①の「保健・医療・福祉」がもっとも多く二五六、⑪の「子どもの健全育成」と②の「社会教育」が一一九、③のまちづくりが一一八となっているという（複数回答）。設立年は一九九〇年代以降という新しい団体、年間予算は一〇〇〇万円以上五〇〇〇万円未満という規模が一番多く、有給職員がいる団体が二〇三、法人化の動機については「団体の信用が高まる」三四三、「助成金や寄付・会員を集めやすくなる」が二二三だったという。

NPO支援センター（190頁）

仙台市、高知市では市が「市民活動サポートセンター」として建物・部屋を提供し、「**せんだい・みやぎNPOセンター**」「**NPO高知市民会議**」がそれぞれ管理・運営する方式をとっている。阪神・淡路大震災の被災者救援活動からスタートした大阪市の「**大阪NPOセンター**」は、NPOの法人化や運営のノウハウの相談に応じたり人材育成事業に力を入れていくという。『ボランティア白書』の巻末には、全国の民間ボランティア活動推進団体、行政のボランティア担当部局、NPOサポートセンターの連絡先一覧が載っている。

（編集部）

参考文献　『ボランティア白書　一九九九』社団法人日本青年奉仕協会、一九九九年／『日本経済新聞』縮刷版、一九九九年一二月、二〇〇〇年三月

第11章　市民が環境ボランティアになる可能性

長谷川　公一

1――なぜ関わろうとしないのか

環境ボランティアとフリーライダーを分かつもの

仙台のような地方都市の新興住宅地を歩いていると、どの家も見事に庭を手入れしている。郊外の農家の庭先では、大輪の花々が色つやもよく咲き誇っている。人びとは、自分の庭先をきれいにすることには熱心である。しかし町内会の自主参加の一斉清掃となると、筆者の住む新興住宅地では参加世帯は約二割、いつも同じ顔ぶれである。

美しく快適な環境は人びとの共通の願いだが、環境保全のためのボランティア活動に積極的に関わろうとする人びとの割合はさらに少ない。多くの環境団体や環境保護グループに共通する悩みは、熱心に関わろうとする人びとが少ないこと、財政的な基盤が弱いことである。さまざまな分野や領域で市民活動やNPO活動が多様に展開されるようになってきたが、「金太郎飴」のようだとしばしば言われるように、積極的な参加者はほぼ似たような顔ぶれの場合が少なくない。

多くの人びとはなぜ環境ボランティアに積極的に関わろうとしないのだろうか。一般市民の環境ボランティアへの関わり方を積極化するためには、どのような社会的な条件が必要なのだろうか。

このような問題を論理的に考えるためには、社会運動論の知見が有用である(1)。

なぜ関わろうとしないのか、という第一の問いへの答えは、人びとはエゴイストであり、環境ボランティアとしてのコスト負担を避け、フリーライダーになりたがるからである、というものである。経済学者のオルソンが最初に提起したことから、「オルソンのフリーライダー問題」と呼ばれる(2)。

ボランティア活動への参加をうながそうとするとき、しばしば情報提供や広報活動、教育、意識改革など啓蒙的活動の重要性や意義が指摘されることが多いが、それだけでは素朴な予定調和的な論議であることが、オルソンの議論からわかってくる。オルソンによれば、「共通の利益」や「大義」を人びとが認識していたとしても、そのことが人びとを直ちに貢献に動機づけるわけではない。快適な環境は、地域の誰もが共通に平等に快適性を享受できるような特性をもつものだと仮定しよう(これを非排除的な集合財という)。かりに人びとが、自己の利益を最大化しようとして行為すると仮定すれば、そのような利己的な人びとは、自分では時間や労力などのコストを負担せず、「快適な環境」の分け前にはしっかりとあずかろうとするだろう。お人好し以外は特別な条件がなければ誰も貢献しないという、ある意味では身も蓋もない議論が、オルソンの問題提起である。

利己的な人びとの間でもボランティア的な活動が成立するのは、次のような特別な条件のもとであるとオルソンはいう。(1)フリーライダーが監視できるぐらい集団が小規模の場合か、(2)共通利益以外の貢献度に応じて「選択的誘因」が提供されるか、(3)参加が強制されるか、いずれかの場合である。農山村部などで、選挙の際九〇%近い高投票率を記録したり、地域の一斉清掃にほぼ全世帯が参加するのは、事実上強制がはたらくからである。しかし強制はボランティアであることと矛盾するから、第三の条件は外さなければならない。第一の小規模性も、少なくとも数十人以上が参加するボランティアを考えるときには有効ではない。オルソンが教えるのは、上手に選択的誘因を提供することである。選択的誘因とは、やっただけの人がやっただけ得られる「報酬」的な価値である。

一般のビジネスの世界では、貢献度に応じて配分されるのは典型的には給与やポスト、昇進の機会である。環境ボランティアの場合には、経済的な誘因は提供できない。ボランティアの基本は無償性にある。快適な環境をつくりだすことに貢献すること自体がうれしい、生き甲斐になる、達成感を味わうことができる、自己実現の喜びがある等々、このような目的それ自体と密接に連関して報酬的な意味あいをもつ精神的価値が目的的誘因である。他方、出会いの感動や仲間ができる、ともに協力しあい分かち合える喜びがある等々の、他者との関わりのなかで享受できる精神的価値がある。これが連帯的誘因である。

誘因と貢献・資源

このように考えてみると、環境ボランティアとしての貢献に必要な時間的・労力的なコスト負担の問題を無視できないことと、環境ボランティアの育成にとって、目的的誘因と連帯的誘因を提供することがいかに重要かがあらためて認識できよう。壮年期の男性の貢献が期待しがたいのは、職業生活に多くの時間を費やさざるをえないからであり、日本の企業社会ではこれまではボランティアのための休職や一時休業ができにくかったからである。環境ボランティアとして期待できたのは、主に専業主婦的な女性や職業生活から引退した退職者、学生などに限られていた。壮年期の男性のなかで、比較的ボランティア活動に熱心だったのは、相対的に残業が少なく、定時に帰宅しやすく有給休暇などをとりやすい公務員や教員、自営業者などだった。休日ボランティアを活発化させるためには、完全週休二日制の定着や労働時間の短縮、職住近接的なライフスタイルへの転換などがはかられなければならない。

公害や環境問題に関わる住民運動や市民運動は、日本における環境ボランティアの従来の典型例だったといってよいが、それらはしばしば地域名望家的な自営業者などの男性リーダーを代表者として、公務員や教員でしかも労働組合での活動経験のある男性を事務局長として、これに退職者や専業主婦的な女性を主な活動メンバーとして構成されていた。参謀役として高校・大学の教員や弁護士、医師、公認会計士、マスコミ関係者などの自由業的専門職者の男性が支援するというパタンが多かった(3)。

これらの人びとは、活動に参加できる時間ばかりでなく、社会的な使命感(目的的誘因の一例)をもち、公害や環境問題に関する専門的な知識や情報収集力、リーダーとしての経験や資質などに恵まれていたのだともいえる。ヒト(人的)・モノ(経済的・物的)・シンボル(情報的)・コネクション(関係的)に分類できる社会的な諸資源へのアクセス可能性、動員能力も、個人のレベルで、また組織のレベルで、活動の能動性を規定する重要な要因である。このような視点を強調したのは、一九七〇年代の後半に誕生した資源動員論というアメリカの社会運動論の一派だが、日本の住民運動・市民運動の現実も、資源動員論に十分フィットしていたといえる(4)。

2―住民運動・市民運動から環境NPOへ

法人格をもつことの意味

一九九八年の特定非営利活動促進法（通称、NPO法）の成立を契機に、今後日本で期待されているのは、環境NPOを母体に組織的に活動する環境ボランティアの育成である。では、このようなNPO的な環境ボランティアと従来の住民運動・市民運動型の活動とは、どのように異なるのだろうか。NPOの定義としては、レスター・サラモンによる公式組織性、非政府性、非営利性、自律性、自発性、公益性という六つの要件が指摘されてきた(5)。住民運動や市民運動も非政府性以下の要件は満たしている。従来の日本の住民運動・市民運動に欠けていたのは、公式組織であることという要件だった。NPO法の施行以前には、住民運動や市民運動の団体が法人格をもつことはできなかった。住民運動や市民運動が組織的に展開されることはこれまでもあったが、法人格をもたないという意味では「非公式組織」だったのである。

法人格の有無は単なる制度上の問題にとどまらない、NPO的な市民運動と、非NPO的な住民運動・市民運動とを分かつ重要なメルクマールである。

まず住民運動と市民運動の基本的な性格を確認しておこう。住民運動は、居住地の近接性という地域的な結びつきをもとに、小学校区のような比較的狭い範囲の、特定の地域と密着した個別的な課題に取り組むという性格が強い。これに対して市民運動は、自律的な市民が、理念や運動目標の共同性をもとに個人として参加し、全市的な、あるいは全県的な広がりをもった課題に取り組むという性格が強いといえる。

NPO的な環境ボランティアは、このように理念型化した場合の市民運動の延長上にあるものといってよい。住民運動も市民運動も、これまでは問題が表面化してから事後的に個別的に対応し、開発志向的な企業や行政を告発・批判する防衛型の運動という側面が強かった。問題が沈静化するのにともなって、運動も解散するか、事実上活動を停止するという場合が多かった。その意味で一回起的なシングル・イッシュー型の運動だったのである。端的にいえば、わが身に、わが地域にふりかかろうとする火の粉を必死で振り払おうとする運動だったのであり、生活拠点の防衛という危機感に条件づけられて短期間に急速に盛り上がるというパタンをとることが多かった。

法人格をもち、常駐の有給スタッフを抱え、事務局体制が確立してくると、日常的に特定の環境問題と取り組むことが可能になる。事後的な対応から、事前的な予防型の運動への転換が可能になろう。さらにはローカルなレベルで、またナショナルなレベルで、対案提示型の政策志向的な環境運動への成長が期待できよう。

法人格をもつということの意味をもう少し具体的に考えてみよう。

環境問題や環境保全に関わる市民活動のなかで、NPOとして法人格を取得することにメリットを感じるのは、ローカルなレベルでは、例えばリサイクル活動などに関わる市民団体であろう。「〇〇の自然を守る会」のような防衛的・対抗的な課題を抱える運動グループにとっては、とくに企業や行政との紛争状況にある場合には、法人格の取得はあまり意味をもたない可能性もある。むしろ「設立者名簿」「設立当初の財産目録」「事業計画書」「収支予算書」などの提出を義務づけられることに対する抵抗感、警戒感が強いだろう。他方、リサイクル活動を継続的にやろうとすれば、専用の事務所を確保したり、軽トラックを所有したり、回収業者との売買契約などを結ぶうえで、法人格となる必要性やメリットは大きい。消費者グループや緑化推進、河川や湖沼の浄化、再生可能エネルギーの普及などに取り組むグループにとっても、法人格を得る意味は大きい。青年会議所や生協・農協・地元メディアなどのサポートを受け、自治体との連携や協働作業などを重視する市民団体は、とくに法人格の取得をめざすことになろう。NPOとして都道府県の認証を得ることが、これらとのネットワークや協働関係を一層確実なものにするからである。このようなローカルなベースをもち市町村や都道府県内を活動域とする、草の根型の非専門家的性格の強い環境NPOがひとつの典型である。市民運動の延長上にある環境NPOであり、普通の市民が環境ボランティアとして参加・関与しやすいタイプである。

もうひとつの類型は、大都市圏に拠点をもつ専門性の強い環境NPOである。基本的にはナショナルなレベルで活動するが、東アジア地域でのリージョナルな活動拠点として、さらにはインターナショナルなレベルでも活動を展開しえよう。ナショナルなレベルで、政府・企業系のシンクタンクに対するカウンターシンクタンク的な、環境コンサルタント的な役割をはたす環境NPOである。WWF（世界自然保護基金）、グリーンピース、「地球の友」のような国際的な環境NPOの日本支部は、このような性格を今後強めていくだろう。気候フォーラム（現在、気候ネットワーク）やCASA（地球環境と大気汚染を考える全国市民会議）、原子力資料情報室などは、日本で生まれ国際的な活動実績をもつ環境NPOである(6)。

パブリックへの回路

問題は、環境NPOが現在のNPOブームのもとでの一過的な流行にとどまってしまうのか、持続的に発展可能か否かにある。「わが身にかかる火の粉を払う」

写真1　建設中の女川原子力発電所三号機原子炉格納容器（宮城県女川町、一九九八年一〇月一四日撮影）

的な住民運動・市民運動の場合には、緊急に対抗行為が求められ、目的的誘因には切実性と直接性があった。自分たちが地域を守らなければ、地域の環境は開発行為や公害によって破壊されてしまうという緊急性である。集合財としての地域環境の範囲も、居住地の生活環境を守るという場合には具体的で可視的である。

例えば、旧ソ連のチェルノブイリ原発事故（一九八六年四月）の直後には、日本でも、一九八七年はじめから大都市圏の主婦層を中心として「反原発ニューウェーブ」と呼ばれる新しい反原発運動が展開されたが、それは放射能汚染の危険性が懸念された、ヨーロッパからの輸入食品から食卓を防衛するという台所と直結した危機意識によって支えられていたといえる。チェルノブイリ事故の記憶の鮮烈さや食品汚染の恐怖感が薄れるにつれて、九〇年以降はこの主婦層を中心とする反原発運動は次第に動員力を低下させていくのである(7)。

現在でも活発な活動を続けている女性中心の反原発運動のグループが存在するのは、筆者が直接に知る限り、札幌市・函館市・弘前市・仙台市・いわき市・富山市・福井市・京都市・大

写真2　使用済み核燃料受入れ施設（青森県六ヶ所村、一九九八年九月一四日撮影）

阪市・松山市など、原子力施設の立地県ないし隣接県の県庁所在地やそれに準ずる中心都市に限られている。立地県や隣接県では、原子力施設のトラブルが絶えず、また増設やプルサーマルの導入、新施設の建設など、原子力施設に関わる争点が日常的・断続的に存在し続けるからである。原子力問題は、現在なお「対岸の火事」ではない直接性とリアリティをもっているのである。

しかし温暖化問題やフロンガス問題に代表される地球環境問題の場合には、被害が集中する特定の「現地」が、少なくとも現時点では存在しない。地球環境問題においては、集合財としての環境の範囲は地球全体に及び、しかもその時間軸も温暖化問題においては五〇年後、一〇〇年後、さらにその後という、何世代もの将来世代にかかわる問題である。目的的誘因は不可視的であり、通常のリアリティ感覚を超えている。

冒頭に述べたように、サイレント・マジョリティ的な「ふつうの人びと」は私的な幸福をもっぱら追求しがちであり、食品汚染や身近な環境汚染、居住地近くの環境破壊といった私生活に関わる危機には敏感に反応しても、生活実感を超えたレベルでのパブリックな課題にはなかなか反応しない。生活実感から遠い問題ほど、少数者による運動にならざるをえない。目的的誘因を認識できる感受能力の高い参加者が限られてくるからである。しかも一般に少数者化するにしたがって、理念志向性が強まり、運動は「禁欲主義」的で、原理主義的な性格を帯びやすい。そのことがさらに、「ふつうの人びと」の参加を遠ざけ、ますます少数者化するという悪循環的なメカニズムがある。

環境というパブリックな課題に対する回路を、「ふつうの人びと」に向かってどう開いていくのか。これは、環境運動ばかりでなく、日本の市民運動・NPO活動全体にとっての共通の課題でもある。

福祉ボランティアと環境ボランティアの相違

パブリックな課題に対するボランティア的な貢献が期待されているという点では、福祉問題も同様だが、福祉ボランティアと環境ボランティアには幾つかの重要な相違点がある。

福祉問題の場合には、寝たきり老人や重度の身障者など、切実に福祉サービスを求めているクライアントが存在する。自己の利他的な貢献が、他者にとって役立つという有効性感覚を生き生きと刻々感じることができる。目的的誘因を実感レベルで享受しやすいといえる。さらにクライアントとの間での、人間的な共感や精神的なふれあいという連帯的誘因を享受することもできる。しかも福祉問題の場合には、行政責任が問われることはあっても、多くの場合、加害者的な行為者は存在せず敵手は不在である。それゆえに、福祉ボランティアであることにともなう社会的リスクは相対的に少ない。従業員が、勤務時間外に福祉ボランティアに従事することを奨励する企業さえ登場している。

これに対して、やや図式的に対比してみると、環境問題の場合には、自己の貢献がどの程度問題の改善に役立っているのか、有効性感覚を実感することは必ずしも容易ではない。環境保全という、巨大な、しかも超世代的で地球レベルの課題に対して、自分や仲間のできる貢献は微々たるものでしかない、という無力感や絶望感との内なるたたかいがある。「いいことだが、本当に意味があるのか」という家族や周囲の疑問に答えることは必ずしも容易ではない。

森林ボランティアとして森に植樹する、海浜でゴミ拾いのボランティアをする、故紙や古着などのリサイクル活動をする、このような具体的で可視的な作業やイベントを行う場合にも、全国ですすむ森林伐採や放置された森林の破壊のスピードに対して、海辺にあふれる空き缶やゴミの量に比して、大量に処分される紙や布地の量に比して、ボランティア活動による貢献は微々たるものである。ダム建設や埋立などの開発行為から河川や干潟、海浜を守ることも、必ずしも容易ではない。自分ひとりが参加しても、あるいは自分ひとりが抜けても、大勢は変わりようがない。

しかも環境問題の場合には、多くの場合、加害者的な立場にある企業が存在する。環境破壊のほとんどは企業の生産活動と密接に結びついている。空き缶公害のような場合にも、缶入り飲料を販売し、缶入り飲料の消費をすすめる広告を大量に流し、自動販売機を街中に氾濫させながら、デポジット制度の導入には消極的な飲料メーカーの責任はきわめて大きい。環境ボランティアとしての活動は、大量生産・大量消費によって支えられた現代の消費社会と、それによって成り立っている企業、適切な規制を怠ってきた行政に対して、批判的な意識を涵養することになる。さらには、資源浪費的な自己のライフスタイルへの反省・批判へと向かう。熱心な環境ボランティアほど、社会批判、企業批判、行政批判、自己批判という視点をもたざるをえない。行政や企業にとっては、職員や従業員、またその家族が環境ボランティアにコミットすることは、行政批判や企業批判に転化しやすいだけに危険なことでもある。職場での孤立や無理解、配偶者や家族との間での摩擦も予想される。環境ボランティアであることの社会的なリスク、職場内でのリスク、家庭内でのリスクは少なくない。

3—環境ボランティアを育てるために

お金の出し方・出すことの意味

環境ボランティアを育てていくためには、繰り返し述べてきたように、目的的誘因と連帯的誘因の提供が重要である。環境ボランティアとして活動すること自体が楽しく、充実感があるという表出的な充足感が得られる機会をつくりだしていくことが求められる。

参加コストが比較的小さくて誰でも参加しやすいのは、環境NPOなどの会員になって会費を払うことや、カンパなどの金銭的貢献である。NPO法でも、法人税の全面的な免除とともに、寄付金の所得税からの控除などの寄付者に対する税制上の優遇措置は見送られたが、アメリカやヨーロッパのように、早急に制度化することが必要である（優遇措置は二〇〇一年一〇月から実施されたが、適用の条件などの制約が大きい）。資金集めに熱心なアメリカの社会運動組織と異なって、制度的な枠組みがなかったこともあって、これまでは日本の社会運動や市民活動は、資金集めに消極的だった。しかし金銭的貢献に積極的な意義を持たせることも可能である。

日本でも近年、市民が太陽光発電のために出資しあう市民共同発電所が宮崎県や滋賀県をはじめ、幾つかの地域にひろがろうとしている。金銭的貢献が、巨大電力会社に対抗するこのような「例示的実践」を可能にするのである。

北海道では、筆者の提言をもとに、月々の電力消費を五％おさえることを目標とし、電力料金の五％分（月額平均四〇〇円程度）を「グリーン料金」としてNPOの「グリーンファンド」に基金化して、風力発電事業への参入をめざす「グリーン電気料金運動」が、生活クラブほっかいどうを母体として九九年三月からスタートしている。初年度の目標は会員一〇〇〇件だが、七月から本格的に募集を開始して、二〇〇〇年三月末までに約八〇〇件の参加申し込みがあった。生活クラブ生協は、牛乳をはじめ安全で健康的な農産物・食品・消費財を共同購入で育ててきたが、蓄積してきたノウハウと組織力を活かしたユニークな取組みである。一〇〇〇件の会員で年間四八〇〇万円が基金化できるから、順調にいけば、三年目の二〇〇一年には、自分たちの発電用風車が回りはじめるという青写真がある。

五％節電すれば、基金に拠出する五％分は相殺されることになる。節電をしながら風力発電を育てることができる。どんな電力を自分たちが求めているのか。五％分を自らすすんで上乗せして払うことで、電力会社に消費者として「意思表示」し、電力多消費的な自分たち自身のライフスタイルを見直し、あるべき電力源を育てていこうという新しいスタイルと発想の運動である。従来の、受動的で、もっぱらわがままな要求をする消費者イメージを脱して、市民のイニシアティブで、政策提言的な意味をもつ先導的な試行・実践を行おうとする新しい運動である。温暖化問題の時代にあって「グリーン電力」という国際的にも注目を集めている運動の日本版でもある(8)。

環境教育　ヨーロッパやアメリカと比較して、日本で弱いもののひとつは環境教育である。子どもや成人を対象に、学校教育や社会教育の場などで行われる、環境保全の意義やそのためのノウハウなどを指導する実践的なプログラムである。嘉田由紀子による、蛍の観察会や昔の写真、石臼や五右衛門風呂などのモノを提示することによって、水辺とのかかわりをはじめ琵琶湖周辺での生活実践に関する人びとの記憶を呼びさまし、語りをつむぎだそうとする試みは、日本で開発された、環境教育のすぐれた実践でもある(9)。地域の中に環境とのどのようなつきあい方が根づいてきたのか、いつからどのような契機で環境とのつきあい方が変わってきたのかを地域住民自身に思い起こさせ、対象化させようという働きかけである。

環境ＮＰＯを育てる

ＮＰＯは、端的にいえば、市民活動の事業体と考えることができる。環境ＮＰＯを軌道に乗せていくためには、そこにカネとヒトと情報が流れ込み、新しいネットワークがひろがっていけるような仕組みづくりが必要である。前述のような限界はあるものの、ＮＰＯ法はそのための法的な枠組みである。それをもとにした具体的なアイデアと仕掛けが求められている。

とくにヒトと情報、ネットワークの涵養という点で注目されるのは、「中間支援組織」やＮＰＯ支援センターと呼ばれる、ＮＰＯを支援するＮＰＯの役割である。講座や学習プログラムを提供したり、アドバイザー的な役割をはたしたり、リーダー育成につとめている(10)。日本でも最近増えており、大都市圏を中心に、民間設立が二八、自治体設立のものが一二ある（日本ＮＰＯセンター調べ、九九年三月末現在）。これらの多くは、都道府県や市町村というエリアを軸としたものだが、今後は環境ＮＰＯや福祉ＮＰＯという活動領域ごとの中間支援組織が必要になってくるだろう。

ＮＰＯもむろん万能ではない。ＮＰＯの研究者として著名なサラモンは、「政府の失敗」や「市場の失敗」を意識して「ボランタリーの失敗」という概念を提起している。必要な資源の全般的な不足、真に必要とされるところに資源がいかないという資源の需給のギャップ、慈恵主義的なパターナリズム

（温情主義）、専門的なアドバイスが必要な場合にもアマチュアの見解が優先されがちなアマチュア主義による失敗の四タイプをかれは指摘している(11)。このような「ボランタリーの失敗」は、これまでの日本の環境運動や市民運動にもしばしば見られたものである。これを克服していくことも、日本の環境NPOに求められる重要な課題のひとつである。

行政や企業とコラボレーション（対等で限定的な協働作業）を行いながら、これらと緊張関係を保ちつつ、カウンターパワーとして社会的監視機能を強化し、環境問題の発見につとめ、問題の究明力と政策提言能力・対案の提示能力を高めていくことが、環境NPOに期待されている。衰退する労働組合や政党、既存の町内会・自治会などに代わって、広範な市民に参加と貢献を呼びかけ、このような機能をはたしうるのは環境NPOしかあるまい。

市民が環境政策転換のカギを握っていることを自覚化し、多様な先導的な試行を各地で例示的に実践していくことが求められている。

環境ボランティアとそれが支える環境NPOは、日本社会が本格的な市民社会へと脱皮していく際のキープレーヤーであり、文字どおり、そのカギを握る存在である。

注

（1）筆者の見方は、長谷川公一「社会運動の政治社会学—資源動員論の意義と課題」『思想』七三七号、一九八五年、一二六—一五七頁、同「資源動員論と『新しい社会運動』論」社会運動論研究会編『社会運動論の統合をめざして』成文堂、一九九〇年、三—二八頁、参照。
(2) M・オルソン、依田博・森脇俊雄訳『集合行為論』ミネルヴァ書房、一九八三年。
(3) 新幹線建設問題や原子力発電所建設問題などに関する筆者自身の事例研究にもとづく。
(4) 資源動員論については、注(1)のほか、塩原勉編『資源動員と組織戦略——運動論の新パラダイム』新曜社、一九八九年、片桐新自『社会運動の中範囲理論——資源動員論からの展開』東京大学出版会、一九九五年、などを参照。
(5) L・サラモン、入山映訳『米国の『非営利セクター』入門』ダイヤモンド社、一九九四年。
(6) 国際的に活動する、内外の環境NPO・NGOの現状と課題については、山村恒年編『環境NGO——その活動・理念と課題』信山社、一九九八年、が詳しい。
(7) 長谷川公一「反原子力運動における女性の位置——ポスト・チェルノブイリの『新しい社会運動』」『レヴァイアサン』八号、一九九一年、四一—五八頁、参照。
(8) 「グリーン電力」に関しては、飯田哲也「グリーン電力制度の展開」『環境と公害』二八巻四号、一九九九年、三一—三七頁、が詳しい。
(9) 嘉田由紀子『生活世界の環境学——琵琶湖からのメッセージ』農山漁村文化協会、一九九五年、参照。
(10) NPO支援センターの具体的な役割については、李妍焱「日本におけるNPOサポートプログラムの現状と課題」『社会学年報』二八号、一九九九年、九九—一一二頁、参照。
(11) Lester M. Salamon, *Partners in Public Service: Government-nonprofit Relations in the Modern Welfare State*, Baltimore, Md.: Johns Hopkins University Press, 1995. 参照。
(付記) NPO法人「北海道グリーンファンド」の市民風車は、一口五〇万円で出資を募り、一億六六〇〇万円を集め、二〇〇一年九月に運転を開始した。本稿以後の経緯については拙稿「環境運動と環境政策」『環境運動と政策のダイナミズム』(講座環境社会学第四巻)有斐閣、二〇〇一年、一一一—一二四頁、参照。

むすび
――環境ボランティア・NPOの課題と将来の可能性

NPO法の社会的意味

阪神・淡路大震災をきっかけとして、一九九八年、わが国にいわゆるNPO法(特定非営利活動促進法)が誕生(三月成立、一二月施行)した。NPOのメンバーとして活動している人たちの目からみると、この法律ができあがる過程で語られたその魅力はふたつあった。

ひとつが税制面での優遇処置であり、もうひとつが法人格をもてることであった。法人格とは法人としての資格のことで、それは法律上の権利能力があるとみなされるという意味である。このうち、前者の税制面での優遇処置は今回の法律では見送られることになり、法人格だけが残った。そこで、法律の価値が半減したと指摘する人もいる。また、法人格なんて自分たちNPOの活動に直接関係しないので、この法律はほとんど意味がないという人もいる。

NPOの立場からすればこのような指摘もしたくなるだろう。自分たちの活動によって得た収入に対して税制優遇処置をしてもらえるならば、これはたいへん便利である。しかしながら、一方の法人格の方は、法律上の権利能力があるといわれてもピンとこないのが正直なところかもしれない。NPOが法人格をとるためには、都道府県に申請をし、認証を得る必要がある。この法律ができる過程でマスコミを賑わしていたわりには、その手続きをとるNPOは少なく、福井県のように法律の施行後半年経っても、一件もないという県もあった。

ところが法律ができて一年近く経ったところで、都道府県の担当者に聞いてみると、最近は手続きをするNPOが少しずつ増えてきたという。活発なNPO活動をしているところほどそうである。NPOのリーダーたちに聞いてみると、それは社会的信用のためだという。すなわち法律上の権利能力うんぬんよりも、県が認めている組織だというその信用が、活動のために便利なのだそうだ。またそれに加えて、事務所を借りる契約のときとか、行政からの業務委託を受けるときは法人格をもっていると便利であろうと推測する。

じつは現在、地域社会で法人格が認められている住民組織として自治会がある。自治会は伝統的に自治会館などの建物やその建物の土地を所有していることが少なくない。法人格がない頃は自治会長さんかだれかの名義を借りて、この建物や土地を登録しなければならなかった。それはある種のごまかしであるとともに、たいへん不便で、いざこざが絶えなかった。ところが、一九九一年の地方自治法の改正で、自治会(法律は「自治会」という特定した表現をしていなくて「地縁による団体」としているが、現実的には自治会に適用されている)が法人格をもつことが認められるようになり、このいざこざが解消した。

NPOが法人格をもてるようになったのは、まったく別の歴史的経緯からではあるものの、やはりこの組織が法人格をもつことができるようになった事実は、社会的信用という意味できわめて大きい。すなわち、いま地域社会において自治会とNPOという二種類の住民(市民)組織が申請すれば法人格を取得できる。そのことは、このふたつの住民組織が今後、二大勢力として社会的影響力をもちつづける可能性が高いことを示唆している。

NPOが抱えている課題

現在、各地のNPOが抱えているかなり深刻な条件整備的な課題がある。もちろん、NPOはどの社会組織でもそうであるように、自分たちの目的の達成度、内部の人間関係やリーダーの権限の程度といった組織のあり方、運営費等々の内部的課題をつねにもっている。また考え方によれば、このような内部的課題をつねにもちつづけていることは、いっそうの発展のために健全ともいえるかもしれない。

ところがそれ以外に、自分たちの目的の成就のために改善された方が望ましいにもかかわらず、現実のNPOの力量からして内部ではうまく解決できなくて、たとえば行政などの外部から整備を望むものとして、条件整備的課題がある。この条件整備的課題はしばしばその組織の存続に関わることもある。NPOのリーダーから聞き取りをしたところ、どのリーダーもほぼ口をそろえて指摘したことがあり、それらは三つにまとめられる。その三つの課題とは以下のようなものである。

①活動拠点

実際には活動するための事務スペースである。事務所を賃貸契約するほどの活動資金がないNPOが多い。当初は、リーダーの自宅や仕事場、また好意をもってくれている人が空き部屋を貸してくれるケースが少なくないが、組織がやや大きくなってきたり、また多くの人が出入りするようになると、それなりのスペースと交通の便の良いところが望ましくなる。

市町村のなかには、公共の施設を提供する事例がごく最近の傾向としてみられるようになってきた。

また、それらの施設にＮＰＯのためにコピー機などの事務機器なども用意しているところもある。

②有効な情報

助成金の情報をはじめ、活動の便宜に関わるさまざまな情報である。ＮＰＯの人びとからは、自分たちのところに情報が入ってこないので、とりあえず情報が欲しい、また行政のいっそうの情報公開を望むという声が強かった。

ただ、ＮＰＯが一定程度整備されてきたり、行政が情報公開を進めている現在において、〝情報の洪水〟現象がおこりつつある。「有効な情報」というのは、この情報洪水傾向において、どれが有効な情報かを判断し、選り分けをしてＮＰＯに伝える中継地が必要であるという意味である。

③会計、人事、公的文書作成などの総務業務

ＮＰＯで活動している人たちは、総務業務で苦労している。日本の場合、ＮＰＯは小さな規模のものが多く、この総務業務の専門家を複数雇用するということが現実には非常にむずかしい。先に上げたＮＰＯの法人化のために都道府県に提出する書類の作成のためにも苦労しているというのが現状である。自分がボランティアとしてＮＰＯに参加しようとした人たちも、そのＮＰＯが目的としている活動そのものには熱心であるが、会計をさせられるのはたまったものではないとか、能力がないといって断ることが多く、なんらかの工夫のいる課題である。

これら三点以外にＮＰＯのリーダーたちが共通に苦労していると指摘するのは、活動資金である。実際、調査をしてみると行政からの資金助成を希望するＮＰＯは八〇％を越える。ただこの活動資金を条件整備のひとつとして、外部から、たとえば行政が助成金を出すということがよいかどうかは判断のむ

ずかしいところである。阪神・淡路大震災を経験した阪神地域は、結果として行政や第三者機関などからの助成の先進地であるが、それがNPOの活動を本格的にするためにプラスになるかどうかについて再考する意見が地元で出はじめている。資金は自分たちの活動の過程で確保するというのが原則であろう。この問題をつぎにとりあげよう。

ボランティア・NPOとコミュニティ・ビジネス

ところで、人が他人のために活動するというのはどういうことだろうか。私たちは困っている人たちに無償の行為として援助の手をさしのべるのは美しいことだと考えている。それはそのとおりだが、素朴なボランティア活動が発展して、同じ志をもった者たちが集まって組織化されてくると、すなわちNPOとして活動をはじめると、その組織の運営費が具体的な課題となってくる。それなりに満足できる活動をしようとすると会費収入だけでは不充分なことがしばしばおこる。すなわち、無償の行為がつねに最善の方法ではなくなってくるのである。

そこで有償ボランティアという考え方がひとつの有用な方法として生まれてきた。それは少額でも受益者から負担をしてもらうという考え方である。それがさらに発展してくると、コミュニティ・ビジネスとかワーカーズ・コレクティブとか市民事業とかさまざまに呼ばれている、NPO自体が事業を、つまりビジネスをするという考え方が生まれてくるし、現にかなりの数のコミュニティ・ビジネス的な活動がみられる。それは地域の特産物を売るとか、リサイクル品を売るとか、福祉的なサーヴィスを売るとかするのだが、なかには年商一億円以上の組織もある。

このコミュニティ・ビジネスは必ずしもNPO法人だけではなくて、有限会社や株式会社のような商法人の形態をとっているばあいも少なくない。ただこれを、一般の私企業と異なってあえてコミュニティ・ビジネスと呼ぶのは、私企業としての利益追求を第一目標にしているのではなくて、自分たちが住んでいるコミュニティの福利を優先し、メンバー自体が他人の役に立っていることの自覚を強くもっていることにある。したがって、その構成員の給与は低く押さえられているケースがふつうである。

ところで、考えなおすと、いま私たちは、一九世紀、二〇世紀型の市場経済システムの限界に気づきつつあるのではないだろうか。すなわち「労働」という名のもとに人間が需要と供給のシステムに従属することが本来の人間のあり方か、ということがかなり本気で問われつつある印象をもつ。このような問いに対するひとつの解答として、ボランティアやＮＰＯのあたらしい「労働」提供が意味をもってくるのだという考え方もある。

たしかに現在、環境ボランティアや環境ＮＰＯが環境保全や環境創造にとって決定的に重要な意味をもっているし、さらにその役割が増大しつつあることは事実である。本書はこのような現状をふまえつつ、環境ボランティアやＮＰＯがどのようなものか、またどういう方向に歩みつつあるのかをあきらかにしようとしたものであった。

編者　鳥越　皓之

入手しやすい基本文献

第1章　いまなにゆえに環境ボランティア・NPOか

ジョン・フリードマン、斎藤千宏・雨森孝悦監訳『市民・政府・NGO』新評論、一九九五年
石渡秋『NGO活動入門ガイド』実務教育出版、一九九七年

第2章　守る環境ボランティア

住民自治の拡大をめざすネットワーク編『住民自治で未来をひらく』緑風出版、一九九五年
鳥越皓之『地域自治会の研究――部落会・町内会・自治会の展開過程』ミネルヴァ書房、一九九四年
寄本勝美『自治の現場と「参加」』学陽書房、一九八九年
寄本勝美『ごみとリサイクル』岩波新書、一九九〇年

第3章　たたかう環境NPO

飯島伸子『環境社会学のすすめ』丸善ライブラリー、一九九五年
岡島成行『アメリカの環境保護運動』岩波新書、一九九〇年
レイチェル・カーソン、青樹簗一訳『沈黙の春――生と死の妙薬』新潮文庫、一九七四年
ダンラップとマーティグ編、満田久義ほか訳『現代アメリカの環境主義』ミネルヴァ書房、一九九三年
ハムフェリーとバトル、満田久義・寺田良一・三浦耕吉郎・安立清史訳『環境・エネルギー・社会』ミネルヴァ書房、一九九一年
舩橋晴俊・飯島伸子編『講座社会学12　環境』東京大学出版会、一九九八年

第4章　〝普通の主婦〟と環境ボランティア

逗子市編『池子の森――池子弾薬庫返還運動の記録』ぎょうせい、一九九三年
森元孝『モダンを問う――社会学の批判的系譜と手法』弘文堂、一九九五年
森元孝『逗子の市民運動――池子米軍住宅建設反対運動と民主主義の研究』御茶の水書房、一九九六年
横田清編『住民投票Ⅰ』公人社、一九九七年

第5章　創造する環境ボランティア

イヴァン・イリイチ、渡辺京二・渡辺梨佐訳『コンヴィヴィアリティのための道具』日本エディタースクール出版部、一九八九年
村上陽一郎『科学と日常性の文脈』海鳴社、一九七九年
クロード・レヴィ＝ストロース、大橋保夫訳『野生の思考』みすず書房、一九七六年
水と文化研究会編『みんなでホタルダス――琵琶湖地域のホタルと身近な水環境調査』新曜社、二〇〇〇年
大方町『砂浜美術館ノート――砂浜美術館の記録一九八九―一九九七』砂浜美術館事務局（高知県幡多郡大方町入野二〇一七、http://www.gallery.ne.jp/~sunahama/）
木平勇吉編著『森林環境保全マニュアル』朝倉書店、一九九六年
森林クラブ『〔新装版〕わたしたちの森林づくり』信山社サイテック、一九九四年
芦生の自然を守り生かす会編『関西の秘境芦生の森から』かもがわ出版、一九九六年
日本自然保護協会編『裏磐梯の自然観察』一九九三年
松村和則編『山村の開発と環境保全』南窓社、一九九七年
木原啓吉『歴史的環境』岩波新書、一九八二年
増田史男編『日本の町なみデザイン』グラフィック社、一九九八年

第6章　共生を模索する環境ボランティア

相神達夫『森から来た魚——襟裳岬に緑が戻った』道新選書、一九九三年
鬼頭秀一『自然保護を問いなおす——環境倫理とネットワーク』ちくま新書、一九九六年

第7章　日本型の環境保全策を求めて

内山節『森にかよう道——知床から屋久島まで』新潮選書、一九九四年
大石慎三郎ほか『現代農業臨時増刊　江戸時代に見るニッポン型環境保全の源流』農山漁村文化協会、一九九一年九月
岡島成行編『自治体・地域の環境戦略3　自然との共生をめざして』ぎょうせい、一九九四年
室田武『水土の経済学——エコロジカル・ライフの思想』福武文庫、一九九一年
安田喜憲『環境考古学事始——日本列島二万年』ＮＨＫブックス、一九八〇年

第8章　環境ボランティアの主体性・自立性とは何か

庄司興吉『地球社会と市民連携——激成期の国際社会学へ』有斐閣、一九九九年
庄司光・宮本憲一『日本の公害』岩波新書、一九七五年
日本自然保護協会三〇周年史編集委員会『自然保護のあゆみ』一九八五年
アルベルト・メルッチ、山之内靖訳『現在に生きる遊牧民——新しい公共空間の創出に向けて』岩波書店、一九九七年

第9章　行政と環境ボランティアは連携できるのか

スミス・鈴木紀雄・渡辺武達『琵琶湖と富栄養化防止条例』市民文化社、一九八一年

鳥越皓之『環境社会学の理論と実践――生活環境主義の立場から』有斐閣、一九九七年
中村陽一・日本NPOセンター編『日本のNPO／二〇〇〇』日本評論社、一九九九年

第10章　NPO法の立法過程

堂本暁子『生物多様性――生命の豊かさを育むもの』岩波同時代ライブラリー、一九九五年
堀田力・雨宮孝子編『NPO法コメンタール――特定非営利活動促進法の逐条解説』日本評論社、一九九八年

第11章　市民が環境ボランティアになる可能性

鬼頭秀一編『環境の豊かさをもとめて――理念と運動』講座人間と環境12巻、昭和堂、一九九九年
仙台NPO研究会編『公務員のためのNPO読本』ぎょうせい、一九九九年
長谷川公一『脱原子力社会の選択――新エネルギー革命の時代』新曜社、一九九六年
北海道グリーンファンド監修『グリーン電力』コモンズ、一九九九年
松浦さとこ編『そして、干潟は残った』リベルタ出版、一九九九年

本書と関連の深い入門書

鳥越皓之『環境社会学』放送大学教育振興会、一九九九年
長谷川公一『社会学入門――紛争理解をとおして学ぶ社会学』放送大学教育振興会、一九九七年
飯島伸子編『環境社会学』有斐閣、一九九三年

ま行

や行

ら行

た行

な行

は行

さ行

索　引

関心分野：環境社会学・環境民俗学，とくに環境と女性，歴史的記憶と環境。

著書・論文：「環境問題をめぐる状況の定義とストラテジー—環境政策への住民参加／滋賀県石けん運動再考」『環境社会学研究』1号，1995年；『変身の社会学』（共著）世界思想社，1997年；『景観の創造』（共著）（講座人間と環境4巻）昭和堂，1999年；「『体験と記憶』のなかにある『場所』—『弱い語り』を支える調査」『東北社会学年報』30号，2001年；「地域環境問題をめぐる“状況の定義のズレ”と“社会的コンテクスト”—滋賀県における石けん運動をもとに」『加害・被害と解決過程』（講座環境社会学2巻）有斐閣，2001年ほか。

堂本　暁子（どうもと・あきこ）　**第10章**

1932年生まれ。東京女子大学卒業。TBS（東京放送）の記者，ディレクターをへて，1989年から参議院議員。2001年4月より千葉県知事。GLOBE（地球環境国際議員連盟）世界総裁，IUCN（世界自然保護連合）北東アジア地域理事。

関心分野：環境による平和の構築，生物多様性の保全，環境ガバナンス。

著書：『生物多様性』岩波書店，1995年；『立ち上がる地球市民』河出書房新社，1995年；『温暖化に追われる生き物たち』（共編著）築地書館，1997年；『無党派革命』（編著）築地書館，2001年ほか。

長谷川　公一（はせがわ・こういち）　**第11章**

1954年生まれ。東京大学大学院社会学研究科博士課程単位取得退学。東北大学大学院文学研究科教授。

関心分野：環境NPOの社会運動論的研究，政策当局と環境NPOとのコラボレーション（協働）による環境政策の転換過程の分析，日本や東アジアにおける環境NPOの展開可能性の研究。

著書：『マクロ社会学——社会変動と時代診断の科学』（共著）新曜社，1993年；『脱原子力社会の選択——新エネルギー革命の時代』新曜社，1996年；『巨大地域開発の構想と帰結——むつ小川原開発と核燃料サイクル施設』（共著）東京大学出版会，1998年；『環境社会学の視点』（講座環境社会学1巻，共編著）有斐閣，2001年；『環境運動と政策のダイナミズム』（講座環境社会学4巻，編著）有斐閣，2001年ほか。

関　礼子（せき・れいこ）　**第6章**

1966年生まれ。東京都立大学社会科学研究科社会学専攻博士課程単位取得退学。博士（社会学）。帯広畜産大学助教授。

関心分野：自然環境保全をめざした地域づくりに関する研究，水銀問題に関する社会史的研究。

著書・論文：「水俣病差別とニセ患者差別―未認定患者への差別と認定制度の介在」『新潟水俣病問題――加害と被害の社会学』東信堂，1999年；「どんな自然を守るのか―山と海との自然保護」『環境の豊かさをもとめて――理念と運動』（講座人間と環境12巻）昭和堂，1999年；「環境権の思想と運動―〈抵抗する環境権〉から〈参加と自治の環境権〉へ」『環境運動と政策のダイナミズム』（講座環境社会学４巻）有斐閣，2001年ほか。

井上　孝夫（いのうえ・たかお）　**第7章**

1957年生まれ。法政大学大学院博士課程修了，社会学博士。千葉大学教育学部教授。

関心分野：環境社会学・調査編，白神と鉄，房総の鉄と民俗といったテーマをまとめていきたい。

著書：『白神山地と青秋林道――地域開発と環境保全の社会学』東信堂，1996年；『白神山地の入山規制を考える』緑風出版，1997年；『社会学のよろこび』（共著）八千代出版，1999年；『現代環境問題論』東信堂，2001年ほか。

井上　治子（いのうえ・はるこ）　**第8章**

1962年生まれ。名古屋大学大学院博士後期課程単位取得退学。名古屋文理大学情報文化学部専任講師。

関心分野：環境運動における主体形成論，とくに世界観と自己の位置づけの変容の過程。運動参加とグリーンコンシューマー的な行動とを同時に扱う範疇としての『行動化』概念，無気力な『大衆』の対立概念としての『市民』概念。

著書・論文：「社会運動に対する『不確実なアイデンティティー』という視点」『名古屋大学社会学論集』14号，1993年；「環境問題と『対自化』する視点―問題解決の視座としての『地域共同管理論』」『地域共同管理の現在』東信堂，1998年；「環境破壊に抗する市民たち」『環境の豊かさをもとめて――理念と運動』（講座人間と環境12巻）昭和堂，1999年ほか。

脇田　健一（わきた・けんいち）　**第9章**

1958年生まれ。関西学院大学大学院社会学研究科博士課程後期課程単位取得退学。滋賀県立琵琶湖博物館主任学芸員をへて，岩手県立大学総合政策学部助教授。

リカの三文化比較，住民参加による環境保全の理論と実践。
著書：『生活世界の環境学』農山漁村文化協会，1995年；『水辺遊びの生態学』（共著）農山漁村文化協会，2000年；『共感する環境学』（共編著）ミネルヴァ書房，2000年；水と文化研究会編『みんなでホタルダス』（共編著）新曜社，2000年；『水辺ぐらしの環境学——琵琶湖と世界の湖から』昭和堂，2001年ほか。

菊地　直樹（きくち・なおき）**第５章２節**
1969年生まれ。創価大学大学院文学研究科社会学専攻博士後期課程単位取得退学。姫路工業大学自然・環境科学研究所講師。
関心分野：自然環境を主な資源とした地域づくり，地域における人と野生生物のかかわり，エコ・ツーリズム。
論文：「地域社会と環境問題—地域社会概念の再構成に向けた一試論」『人間と地域社会——21世紀への課題』学文社，1997年；「『地域づくり』の装置としてのエコ・ツーリズム—高知県大方町砂浜美術館の実践から」『観光研究』10巻２号，1999年；「エコ・ツーリズムの分析視角に向けて—エコ・ツーリズムにおける『地域住民』と『自然』の検討を通して」『環境社会学研究』５号，1999年ほか。

森　太（もり・ふとし）**第５章３節**
1972年生まれ。関西学院大学大学院社会学研究科博士課程前期課程修了。

佐藤　利明（さとう・としあき）**第５章４節**
1952年生まれ。東北大学大学院教育学研究科博士課程単位取得。石巻専修大学理工学部助教授をへて，岩手県立大学総合政策学部助教授。
関心分野：地域開発と環境問題，農山漁村の地域社会変動と住民生活の変容。
著書・論文：『現代日本の生活問題』（共著）中央法規出版，1993年；『山村の開発と環境保全』（共著）南窓社，1997年；「地方都市の工業化と漁業構造の変容」『総合政策』（岩手県立大学総合政策学会）２巻１号，2000年ほか。

吉兼　秀夫（よしかね・ひでお）**第５章５節**
1949年生まれ。明治学院大学大学院社会学研究科博士後期課程単位取得退学。阪南大学国際コミュニケーション学部教授。
関心分野：地域遺産・環境文化を生かした自律的観光のあり方，そのひとつの手法であるエコミュージアムの研究と実践。
著書：『エコミュージアム——理念と活動』（共著）牧野出版，1997年；『新しい観光と地域社会』（共編著）古今書院，2000年；『歴史的環境の社会学』（共著）新曜社，2000年ほか。